JN059351

数学の養樹園

硲 文夫 著

学術図書出版社

0 はじめに

「養樹園」というタイトルは，パウル・クレーの同名の絵にちなんだものである．その絵には苗木のようなたくさんの図柄が縦横に並べられていて，見事な色彩の横帯に綴られ，成長の息吹が伝わってくる．

高校や大学での数学においては，数々の公式や理論を完成品として学ぶことが多いものだが，実は数学のどの分野であれ，樹木のように年々成長し続けており，大樹で近寄りがたいと見えていても視点を変えれば幹からさらに若い枝が伸びようとしているものもあるし，落とした実から新たな緑が芽ぐむこともある．

本書を執筆したもともとの動機は，線形代数学や微積分学を一通り学んだのち，数学や情報科学のより進んだ題材に触れる際の橋渡しになるようなテキストを作りたい，という願望であった．さてその願望をどう実現するか，と思いを馳せていた頃，クレーの絵に出会い，方向を確信した．それは読者が

すでに得た知識を別の視点から捉え直す
生まれて間もない新たな理論の息吹に触れて自らその成長を促す

という経験ができるようなものであろう，と．本書の題材はこうして選ばれた．

前半は，数列，級数といった高校や大学で学ぶ見慣れた題材の理解を，離散数学という視点を通してさらに深めることを目標とする．また，後半は「リズム」という一見数学的発想に馴染まないと思われる題材を，有限力学系という観点から統一的に解明する道を開拓して行く．そこでは「連続」の世界を分析するための標準的な手法を踏まえつつ，「離散」の世界に特有の困難，そしてそれゆえの魅力を，リズムの分析を通して伝える，というのが主題である．ここではグラフ理論の基本的な部分を活用することになるが，最終の「三段論法」の章では，さらにグラフを活用して，アリストテレス以来の伝統的な論理学を見直す視点を提示する．

各章の構成は以下のようになっている．第1章「母関数」は，数列に対して簡単なルールで，母関数と呼ばれる対象を対応させることで，数々の公式や定理を自然に自ら導くことができるようになる，という章である．第2章は「離散解析」と名付けたが，「テイラー展開」の離散版に当たる理論を紹介する．これはニュートンやライプニッツが微積分学を生み出すきっかけとなったものでもあり，高校で学ぶ「2乗の和」や「3乗の和」の公式も含めて導き出す力を

持っている．第 3 章「リズムの数学」と第 4 章「グラフと三段論法」は筆者の近年の研究成果を題材としたものだが，リズムや三段論法という一見数学の研究対象になるとは思えない事柄が，どちらもグラフを用いて可視化され，その形状から新たな観点に導かれていく有様を描いた．

　本書を読み進める際の予備知識はほとんど仮定しない．ただ「総和の記号 Σ」の意味と使いかたには慣れておいてほしいが，何より記述の流れを「なぜそう言えるのか」と論理的に自ら考え納得する力を期待したいし，また読み進めるうちにその力がさらに成長するように構成したつもりである．読者が有限の世界の数学の魅力に一瞬でも感じ入っていただければ幸いである．

2023 年 11 月

硲　文夫

目 次

1 母関数

数列に関する様々な問題を考えるときに強力な手段となる「母関数」を導入し，それが持つ威力を体験していくのが本章の目標である．

1.1 等比数列

例えば

$$a_0 = 1, a_1 = 1, a_2 = 1, \cdots$$

というような，すべての項が 1 である数列 $\{a_n\}$ に対し，

$$a_0 + a_1 x + a_2 x^2 + a_3 x^3 + \cdots$$

という無限級数を作ってみると

$$1 + 1 \cdot x + 1 \cdot x^2 + 1 \cdot x^3 + \cdots$$
$$= 1 + x + x^2 + x^3 + \cdots$$
$$= \frac{1}{1-x}$$

という一つの分数式で表すことができる．ここの式変形の最後のステップは，初項が 1 で公比が 1 の等比級数の和の公式

$$1 + x + x^2 + x^3 + \cdots = \frac{1}{1-x} \tag{1.1}$$

を用いた．これと並行して

$$a_0 = 1, a_1 = r, a_2 = r^2, \cdots$$

というような，初項が 1 で公比が r の等比数列 $\{a_n\}$ に対しても

$$a_0 + a_1 x + a_2 x^2 + a_3 x^3 + \cdots$$

という無限級数を作ってみると

$$1 + rx + r^2 x^2 + r^3 x^3 + \cdots$$
$$= 1 + (rx) + (rx)^2 + (rx)^3 + \cdots$$
$$= \frac{1}{1-rx}$$

というようにやはり一つの分数式で表すことができる．

ここで記号と用語を導入しておく：

> **定義 1.1**
>
> 数列 $\mathbf{a} = \{a_n\}$ に対し,その各項を係数とする無限級数 $a_0 + a_1 x + a_2 x^2 + a_3 x^3 + \cdots$ を「数列 $\mathbf{a}$ の母関数」と呼び,記号で「$G(\mathbf{a})$」と表す:
>
> $$G(\mathbf{a}) = a_0 + a_1 x + a_2 x^2 + a_3 x^3 + \cdots$$

注意. 母関数のことを英語で「generating function」というので,その頭文字「g」の大文字をとって $G(\mathbf{a})$ と名付ける.

1.2 等差数列

では等差数列の場合はどうだろうか.例えば

$$a_0 = 1, a_1 = 2, a_2 = 3, \cdots$$

というような,初項が 1 で公差が 1 の等差数列の場合は,

$$a_0 + a_1 x + a_2 x^2 + a_3 x^3 + \cdots$$
$$= 1 + 2x + 3x^2 + 4x^3 + \cdots$$

となっていて,このままではどのような分数式で表されるかは不明である.そこでこの式を

$$g = 1 + 2x + 3x^2 + 4x^3 + \cdots \tag{1.2}$$

とおき,両辺に x を掛けてみると

$$xg = x + 2x^2 + 3x^3 + 4x^4 + \cdots \tag{1.3}$$

となっており,(1.2) から (1.3) を引くと

$$\begin{aligned} g - xg &= (1 + 2x + 3x^2 + 4x^3 + 5x^4 + \cdots) \\ &\quad - (x + 2x^2 + 3x^3 + 4x^4 + \cdots) \\ &= 1 + (2-1)x + (3-2)x^2 + (4-3)x^3 + (5-4)x^4 + \cdots \\ &= 1 + x + x^2 + x^3 + x^4 + \cdots \end{aligned}$$

となる.この最後の式は (1.1) より $\dfrac{1}{1-x}$ と等しいから

$$g - xg = \frac{1}{1-x}$$

であることがわかり，さらに左辺は $(1-x)g$ であるから，この両辺を $1-x$ で割れば

$$g = \frac{1}{(1-x)^2}$$

というように g を一つの分数式で表すことができた．これで初項が 1，公差が 1 の等差数列の母関数の公式も得られた：

$$1 + 2x + 3x^2 + 4x^3 + \cdots = \frac{1}{(1-x)^2} \tag{1.4}$$

注意．一般の等差数列の母関数も同様に得ることができる（⇐ 章末問題 2 参照）．

1.3　階差数列：差分

ここで前節で行った計算と，数列の階差とは深い関連がある，ということを見ていきたい．そのために階差を利用して「数列の差分」というものを次のように定義する：

定義 1.2

数列 $\mathbf{a} = \{a_n\}$ に対し，数列 $\mathbf{b} = \{b_n\}$ を

$$\begin{aligned}
b_0 &= a_0, \\
b_1 &= a_1 - a_0, \\
b_2 &= a_2 - a_1, \\
b_3 &= a_3 - a_2, \\
&\quad \cdots
\end{aligned}$$

すなわち

$$b_0 = a_0, \quad b_n = a_n - a_{n-1} \ (n \geq 1)$$

で定義する．そして記号で

$$\mathbf{b} = \Delta(\mathbf{a})$$

と表し，数列 $\mathbf{b}$ を「数列 $\mathbf{a}$ の差分」という．

注意．この定義で $b_0 = a_0$ としたのは，後に数列の和を考察するときに，こうしておいた方が様々な公式がきれいになるからである．

注意. 数列の差分を英語で「difference」というので，その頭文字「d」に対応するギリシャ文字の大文字「Δ（デルタ）」を使う．

　数列の差分の母関数と，もとの数列の母関数の間には，次のように簡潔な関係式が成り立つ：

命題 1.3

数列 $\mathbf{a} = \{a_n\}$ の母関数を $G(\mathbf{a})$ とし，その差分 $\mathbf{b} = \{b_n\}$ の母関数を $G(\mathbf{b})$ とすると

$$(1 - x)G(\mathbf{a}) = G(\mathbf{b}) \tag{1.5}$$

が成り立つ．

証明　左辺を計算していくと

$$
\begin{aligned}
(1 - x)G(\mathbf{a}) &= G(\mathbf{a}) - xG(\mathbf{a}) \\
&= (a_0 + a_1 x + a_2 x^2 + a_3 x^3 + \cdots) \\
&\quad\quad - x(a_0 + a_1 x + a_2 x^2 + a_3 x^3 + \cdots) \\
&= (a_0 + a_1 x + a_2 x^2 + a_3 x^3 + \cdots) \\
&\quad\quad - (a_0 x + a_1 x^2 + a_2 x^3 + a_3 x^4 + \cdots) \\
&= a_0 + (a_1 - a_0)x + (a_2 - a_1)x^2 + (a_3 - a_2)x^3 + \cdots \\
&= b_0 + b_1 x + b_2 x^2 + b_3 x^3 + \cdots \\
&= G(\mathbf{b})
\end{aligned}
$$

となって証明が完成する．　　　　　　　　　　　　　　　　　　　　　□

　この命題を，初項 1，公差 1 の等差数列の場合に適用してみよう．すなわち数列 $\mathbf{a} = \{a_n\}$ が

$$
\begin{aligned}
a_0 &= 1, \\
a_1 &= 2, \\
a_2 &= 3, \\
&\cdots
\end{aligned}
$$

で定義されている場合である．このとき差分 $\mathbf{a}$ の差分を $\mathbf{b} = \{b_n\}$ とすると，

差分の定義によって

$$b_0 = a_0 = 1,$$
$$b_1 = a_1 - a_0 = 2 - 1 = 1,$$
$$b_2 = a_2 - a_1 = 3 - 2 = 1,$$
$$\cdots$$

となるから，1.1 節で求めたように

$$G(\mathbf{b}) = 1 + x + x^2 + \cdots = \frac{1}{1-x}$$

である．したがって命題 1.3 より

$$G(\mathbf{a}) = \frac{1}{1-x} G(\mathbf{b}) = \frac{1}{(1-x)^2}$$

となって式 (1.4) と同じ結果が得られた．

1.4　可換図式

命題 1.3 で得られた等式を「可換図式」を用いて表現しておきたい．そのために一つ記号を導入する：

定義 1.4

数式 f に数式 h を掛ける操作を M_h と表す．すなわち

$$M_h(f) = h \cdot f$$

と定義する．

注意．掛け算のことを英語で「<u>m</u>ultiplication」というので，その頭文字をとって「M_h」という記号を使う．

そこで，数列全体のなす集合を S，無限級数全体のなす集合を T とおくと次の可換図式が成り立つ：

$$
\begin{array}{ccc}
S & \xrightarrow{\ G\ } & T \\
{\scriptstyle \Delta}\downarrow & & \downarrow{\scriptstyle M_{1-x}} \\
S & \xrightarrow{\ G\ } & T
\end{array}
$$

この図式が「可換である」とは，写像の合成として

$$M_{1-x} \circ G = G \circ \Delta \tag{1.6}$$

という等式が成り立つ，ということを意味している．すなわち，左上の「S」からスタートしてまず右の T に行ってからその下の T に行く，という合成写像「$M_{1-x} \circ G$」と，左上の「S」からスタートしてまず下の S に行ってからその右の T に行く，という合成写像「$G \circ \Delta$」とが等しい，という意味である．

そこで左上の S の任意の元，すなわち任意の数列 $\mathbf{a}$ に対して等式 (1.6) の両辺のそれぞれの写像がどういう働き方をしているかを見てみよう．まず左辺の写像による $\mathbf{a}$ の行き先を計算すると

$$(M_{1-x} \circ G)(\mathbf{a}) = M_{1-x}(G(\mathbf{a}))$$
$$= (1-x)G(\mathbf{a})$$

となっている．一方式 (1.6) の右辺の写像による $\mathbf{a}$ の行き先を計算すると

$$(G \circ \Delta)(\mathbf{a}) = G(\Delta(\mathbf{a}))$$
$$= G(\mathbf{b})$$

となる．したがって上の図式が可換である，ということと，命題 1.3 の等式 (1.5) が成り立つ，ということとは同じことを意味していることになるのである．

1.5　数列の和：和分

1.2 節で等差数列の母関数を求めたときに行った計算と，数列の和の間にも深い関連がある，ということを見ていこう：

定義 1.5

数列 $\mathbf{a} = \{a_n\}$ に対し，数列 $\mathbf{b} = \{b_n\}$ を

$$b_0 = a_0,$$
$$b_1 = a_0 + a_1,$$
$$b_2 = a_0 + a_1 + a_2,$$
$$\cdots$$
$$b_n = \sum_{k=0}^{n} a_k$$

で定義する．こうしてできる数列 $\mathbf{b}$ をもとの数列 $\mathbf{a}$ の「和分」といい，記号 $\Sigma(\mathbf{a})$ で表す．

注意．数列の和のことを英語で「<u>s</u>um」というので，その頭文字「s」に対応す

るギリシャ文字の大文字「Σ（シグマ）」を使う．

　例えば，1.1 節で現れたすべての項が 1 である数列を $\mathbf{a} = \{a_n\}$ とすると，その和分 $\mathbf{b} = \Sigma(\mathbf{a})$ は

$$
\begin{aligned}
b_0 &= a_0 = 1, \\
b_1 &= a_0 + a_1 = 1 + 1 = 2, \\
b_2 &= a_0 + a_1 + a_2 = 1 + 1 + 1 = 3, \\
&\quad \cdots
\end{aligned}
$$

というようになり，一般項は $b_n = n + 1$ で与えられる．さらにこれらの数列の母関数も 1.1 節と 1.2 節で求めてあり，

$$
G(\mathbf{a}) = \frac{1}{1 - x}, \tag{1.7}
$$

$$
G(\mathbf{b}) = \frac{1}{(1 - x)^2} \tag{1.8}
$$

となるのであった．この現象が次のように一般化される：

命題 1.6

数列 $\mathbf{a} = \{a_n\}$ が与えられたとき，その和分を $\mathbf{b} = \{b_n\}$ とすると，それぞれの母関数の間に次の関係が成り立つ：

$$
G(\mathbf{b}) = \frac{1}{1 - x} G(\mathbf{a})
$$

証明 　母関数 $G(\mathbf{b})$ を変形していくと

$$
\begin{aligned}
G(\mathbf{b}) &= b_0 + b_1 x + b_2 x^2 + b_3 x^3 + \cdots \\
&= a_0 + (a_0 + a_1)x + (a_0 + a_1 + a_2)x^2 \\
&\quad + (a_0 + a_1 + a_2 + a_3)x^3 + \cdots \\
&= (a_0 + a_0 x + a_0 x^2 + a_0 x^3 + \cdots) \\
&\quad + (a_1 x + a_1 x^2 + a_1 x^3 + \cdots) \\
&\quad\quad + (a_2 x^2 + a_2 x^3 + \cdots) \\
&\quad\quad\quad + \cdots
\end{aligned}
$$

$$= a_0(1 + x + x^2 + x^3 + \cdots)$$
$$+ a_1 x(1 + x + x^2 + \cdots)$$
$$+ a_2 x^2(1 + x + x^2 + \cdots)$$
$$+ \cdots$$
$$= (a_0 + a_1 x + a_2 x^2 + \cdots)(1 + x + x^2 + \cdots)$$
$$= \frac{1}{1-x} G(\mathbf{a})$$

となって証明が完成する.   □

したがって, 等式 (1.7) と等式 (1.8) は, この命題の一つの例になっている, ということがわかる.

1.6 差分と和分

1.3 節で導入した差分と 1.5 節で導入した和分の間には密接な関係があり, 次の命題が成り立つ:

命題 1.7

差分 $\Delta : S \to S$ と和分 $\Sigma : S \to S$ の間には次の関係式が成り立つ:

$$(1) \ \Delta \circ \Sigma = id_S,$$
$$(2) \ \Sigma \circ \Delta = id_S$$

注意. ここで集合 X に対して「id_X」は X の恒等写像を表す記号である. すなわち, X の任意の元 $x \in X$ に対して $id_X(x) = x$ をみたす写像として定義される.

証明 (1) 任意の数列 $\mathbf{a} \in S$ に対して

$$(\Delta \circ \Sigma)(\mathbf{a}) = id_S(\mathbf{a}) \tag{1.9}$$

が成り立つことを示せばよい. この左辺は $\Delta(\Sigma(\mathbf{a}))$ を計算すればよいので

$$\Sigma(\mathbf{a}) = \mathbf{b},$$
$$\Delta(\mathbf{b}) = \mathbf{c}$$

とおく．すると定義 1.5 によって

$$
\begin{aligned}
b_0 &= a_0, \\
b_1 &= a_0 + a_1, \\
b_2 &= a_0 + a_1 + a_2, \\
&\cdots
\end{aligned}
$$

が成り立っている．また定義 1.2 によって

$$
\begin{aligned}
c_0 &= b_0, \\
c_1 &= b_1 - b_0, \\
c_2 &= b_2 - b_1, \\
&\cdots
\end{aligned}
$$

が成り立つ．したがって

$$
\begin{aligned}
c_0 &= b_0 = a_0, \\
c_1 &= b_1 - b_0 = (a_0 + a_1) - a_0 = a_1, \\
c_2 &= b_2 - b_1 = (a_0 + a_1 + a_2) - (a_0 + a_1) = a_2, \\
&\cdots
\end{aligned}
$$

となるから $\mathbf{c} = \mathbf{a}$ であり，$(\Delta \circ \Sigma)(\mathbf{a}) = \mathbf{a}$ であることがわかる．一方 (1.9) の右辺は恒等写像の定義によって $id_S(\mathbf{a}) = \mathbf{a}$ であるから，等式 (1.9) が成り立つことが証明された．

(2) 任意の数列 $\mathbf{a} \in S$ に対して

$$
(\Sigma \circ \Delta)(\mathbf{a}) = id_S(\mathbf{a}) \tag{1.10}
$$

が成り立つことを示せばよい．そこで

$$
\begin{aligned}
\Delta(\mathbf{a}) &= \mathbf{b}, \\
\Sigma(\mathbf{b}) &= \mathbf{c}
\end{aligned}
$$

とおくと，定義 1.2 によって

$$
\begin{aligned}
b_0 &= a_0, \\
b_1 &= a_1 - a_0, \\
b_2 &= a_2 - a_0, \\
&\cdots
\end{aligned}
$$

が成り立つ．また定義 1.5 によって

$$
\begin{aligned}
c_0 &= b_0, \\
c_1 &= b_0 + b_1, \\
c_2 &= b_0 + b_1 + b_2, \\
&\cdots
\end{aligned}
$$

が成り立っている．したがって

$$
\begin{aligned}
c_0 &= b_0 = a_0, \\
c_1 &= b_0 + b_1 = a_0 + (a_1 - a_0) = a_1, \\
c_2 &= b_0 + b_1 + b_2 = a_0 + (a_1 - a_0) + (a_2 - a_1) = a_2, \\
&\cdots
\end{aligned}
$$

となるから $\mathbf{c} = \mathbf{a}$ であり，$(\Sigma \circ \Delta)(\mathbf{a}) = \mathbf{a}$ であることがわかる．一方 (1.10) の右辺は恒等写像の定義によって $id_S(\mathbf{a}) = \mathbf{a}$ であるから，等式 (1.10) が成り立つことが証明された．   □

注意．この命題の内容は

「差分と和分は互いの逆写像である」

と簡潔に言い表すことができる．

1.7　母関数の威力

　前節の命題 1.7 の内容はすでに命題 1.3 と 1.6 で得られていた，ということを説明しよう．第 1.4 節において命題 1.3 の内容が等式 (1.6) と同等であることを見た．すなわち

$$
M_{1-x} \circ G = G \circ \Delta
$$

が成り立つのであった．同様に命題 1.6 の内容は次の等式

$$
M_{1/(1-x)} \circ G = G \circ \Sigma
$$

と同等である．したがって

$$
\begin{aligned}
G \circ (\Delta \circ \Sigma) &= (G \circ \Delta) \circ \Sigma \\
&= (M_{1-x} \circ G) \circ \Sigma \\
&= M_{1-x} \circ (G \circ \Sigma) \\
&= M_{1-x} \circ (M_{1/(1-x)} \circ G) \\
&= (M_{1-x} \circ M_{1/(1-x)}) \circ G \\
&= M_1 \circ G \\
&= G \\
&= G \circ id_S
\end{aligned}
$$

というように変形でき，G は単射であることに注意すれば

$$
\Delta \circ \Sigma = id_S
$$

であること，すなわち命題 1.7 の (1) が成り立つことが結論できるのである．
命題 1.7 の (2) の方も同様にして簡単に示すことができる（⇐ 章末問題 3 参
照）．要するに命題 1.7 が主張している「差分と和分の逆関係」は母関数の世界
に移れば

$$
\left\lceil 1 - x \text{ と } \frac{1}{1-x} \text{ を掛けると 1 になる} \right\rfloor
$$

という極めて単純な事実に帰着されてしまうのである．

　今後母関数を用いる様々な手法を紹介していくが，その背景には数列に関す
るいろいろな性質が，母関数の世界では統一的に代数的な操作として理解でき
る，という母関数の威力が秘められているのである．

1.8　微分

　1.1 節と 1.2 節で見たことを要約すると

　「すべての項が 1 である数列の母関数

$$
1 + x + x^2 + x^3 + \cdots = \frac{1}{1-x} \tag{1.11}
$$

　から，等差数列 $1, 2, 3, \cdots$ の母関数

$$
1 + 2x + 3x^2 + \cdots \tag{1.12}
$$

　を作るためには

$$
\frac{1}{1-x} \tag{1.13}
$$

を掛ければよく

$$1 + 2x + 3x^2 + \cdots = \frac{1}{(1-x)^2} \tag{1.14}$$

となる」

というものであった．一方で式 (1.11) と (1.12) を見比べれば

(1.11) の左辺を微分すれば (1.12) の左辺になる

ということにも気付くであろう．これを踏まえて次の問題を考えてみよう：

例題 1.1　一般項が $a_n = (n+1)(n+2)$ で与えられる数列 $\mathbf{a} = \{a_n\}$ の母関数 $G(\mathbf{a})$ を分数式で表せ．

解　まず $a_0 = 1 \cdot 2, a_1 = 2 \cdot 3, a_2 = 3 \cdot 4, \cdots$ であるから

$$G(\mathbf{a}) = 1 \cdot 2 + 2 \cdot 3x + 3 \cdot 4x^2 + \cdots$$

となっている．この右辺は式 (1.14) の左辺を微分すれば得られることに注意すれば，式 (1.14) の右辺を微分した式

$$\left(\frac{1}{(1-x)^2} \right)' = \frac{2}{(1-x)^3}$$

より，結果として

$$G(\mathbf{a}) = \frac{2}{(1-x)^3}$$

という等式が得られる．

　この例題は次の命題のように一般化される：

命題 1.8

数列 $\mathbf{a} = \{a_n\}$ に対して，数列 $\mathbf{b} = \{b_n\}$ を

$$b_n = (n+1)a_{n+1} \quad (n \geq 0)$$

で定義すると

$$G(\mathbf{b}) = G(\mathbf{a})'$$

が成り立つ．

証明 数列 $\mathbf{a}$ の母関数の x^n の項は $a_n x^n$ であり，その微分は $n a_n x^{n-1}$ である．したがって $G(\mathbf{a})$ を微分したものの x^n の係数は $(n+1)a_{n+1}$ であり，これは b_n と等しい． $\square$

式 (1.14) の左辺は $a_n = n+1$ で定義される数列の母関数である．したがってこの命題を数列 $\mathbf{a} = \{a_n\}$ に適用すると，数列 $\mathbf{b} = \{b_n\}$ は $b_n = (n+1)a_{n+1} = (n+1)(n+2)$ と定義されることになり，上の例題と一致するのである．

1.9 漸化式と母関数

漸化式で定義される数列の一般項を求める問題に対しても母関数が強力であるということを見ていきたい．

例えば，数列 $\mathbf{a} = \{a_n\}$ が 3 項間の漸化式

$$a_{n+2} - 5a_{n+1} + 6a_n = 0, \quad (n \geq 0) \tag{1.15}$$
$$a_0 = 2, a_1 = 5 \tag{1.16}$$

で定義されているとしよう．その母関数は

$$G(\mathbf{a}) = a_0 + a_1 x + a_2 x^2 + a_3 x^3 + \cdots$$

であるが，この両辺に x, x^2 を掛けた式を作って，右辺を少しずつずらして並べてみる：

$$G(\mathbf{a}) = a_0 + a_1 x + a_2 x^2 + a_3 x^3 + a_4 x^4 + \cdots \tag{1.17}$$
$$xG(\mathbf{a}) = \qquad a_0 x + a_1 x^2 + a_2 x^3 + a_3 x^4 + \cdots \tag{1.18}$$
$$x^2 G(\mathbf{a}) = \qquad\qquad a_0 x^2 + a_1 x^3 + a_2 x^4 + \cdots \tag{1.19}$$

ここで漸化式 (1.15) によれば

$$a_2 - 5a_1 + 6a_0 = 0, \tag{1.20}$$
$$a_3 - 5a_2 + 6a_1 = 0, \tag{1.21}$$
$$\cdots$$

が成り立っていることを踏まえて「(1.17) $- 5 \times$ (1.18) $+ 6 \times$ (1.19)」を作ってみよう．すると左辺は

$$G(\mathbf{a}) - 5xG(\mathbf{a}) + 6x^2 G(\mathbf{a}) = (1 - 5x + 6x^2)G(\mathbf{a})$$

となり，右辺は

$$a_0 + (a_1 - 5a_0)x + (a_2 - 5a_1 + 6a_0)x^2 + (a_3 - 5a_2 + 6a_1)x^3 + \cdots$$

となるのだが，この式の $x^2, x^3, x^4, \cdots$ の係数は式 (1.20), (1.21), $\cdots$ からすべて 0 に等しい．したがって x の 2 乗以上の項がすべて消えて

$$(1 - 5x + 6x^2)G(\mathbf{a}) = a_0 + (a_1 - 5a_0)x$$

という等式が得られた．さらに条件 (1.16) を用いればこの右辺は $2 - 5x$ であるから，結果として

$$G(\mathbf{a}) = \frac{2 - 5x}{1 - 5x + 6x^2} \tag{1.22}$$

となる．

　では，この結果から元の数列の一般項を求めることができるだろうか．それには「部分分数分解」を用いればよい．すなわち (1.22) の右辺の分母が $(1 - 2x)(1 - 3x)$ と因数分解されることを利用して

$$\frac{2 - 5x}{1 - 5x + 6x^2} = \frac{A}{1 - 2x} + \frac{B}{1 - 3x} \tag{1.23}$$

とおき，係数 A, B を決めればよいのである．そこで，この両辺に $1 - 5x + 6x^2 = (1 - 2x)(1 - 3x)$ を掛けると

$$2 - 5x = A(1 - 3x) + B(1 - 2x)$$

という等式が得られるから，$x = \dfrac{1}{2}$ とおくと

$$-\frac{1}{2} = -\frac{1}{2}A$$

より，$A = 1$ が得られ，$x = \dfrac{1}{3}$ とおくと

$$\frac{1}{3} = \frac{1}{3}B$$

より，$B = 1$ が得られる．したがって (1.23) に $A = 1, B = 1$ を代入して

$$\frac{2 - 5x}{1 - 5x + 6x^2} = \frac{1}{1 - 2x} + \frac{1}{1 - 3x} \tag{1.24}$$

という部分分数分解が得られた．さらにこの右辺の 2 つの分数式は 1.1 節で見た「等比数列の母関数」であることを思い出せば，(1.22) と (1.24) を合わせて

$$\begin{aligned} G(\mathbf{a}) &= \frac{1}{1 - 2x} + \frac{1}{1 - 3x} \\ &= (1 + 2x + 2^2x^2 + 2^3x^3 + \cdots) \\ &\quad + (1 + 3x + 3^2x^2 + 3^3x^3 + \cdots) \\ &= (1 + 1) + (2 + 3)x + (2^2 + 3^2)x^2 + (2^3 + 3^3)x^3 + \cdots \end{aligned}$$

となるから

$$a_n = 2^n + 3^n \quad (n \geq 0)$$

というように一般項が求められる.

　この例題で行った計算は，どんな漸化式にも適用できて，次の命題が得られる：

命題 1.9

数列 $\mathbf{a} = \{a_n\}$ が $(k+1)$ 項間の漸化式

$$a_{n+k} + c_1 a_{n+k-1} + c_2 a_{n+k-2} + \cdots + c_k a_n = 0 \quad (n \geq 0)$$

で定義されているとき，その母関数 $G(\mathbf{a})$ は

$$(1 + c_1 x + c_2 x^2 + \cdots + c_k x^k)G(\mathbf{a}) = f(x)$$

（ただし $f(x)$ は x の $(k-1)$ 次以下の多項式）をみたす．したがって k 次方程式

$$t^k + c_1 t^{k-1} + c_2 t^{k-2} + \cdots + c_k = 0$$

が重根をもたないときは，その根を $\alpha_1, \alpha_2, \cdots, \alpha_k$ とすれば

$$G(\mathbf{a}) = \frac{A_1}{1 - \alpha x} + \frac{A_2}{1 - \alpha_2 x} + \cdots + \frac{A_k}{1 - \alpha_k x}$$

と表すことができる．このことから数列 $\mathbf{a} = \{a_n\}$ の一般項は

$$a_n = d_1 \alpha_1^n + d_2 \alpha_2^n + \cdots + d_k \alpha_k^n$$

（ただし，$d_1, d_2, \cdots, d_k$ は定数）と表すことができる.

　この命題を応用すれば，次の例題のように，「フィボナッチ数列」の一般項を表す公式も作ることができる.

　例題 1.2　フィボナッチ数列 $\mathbf{a} = \{a_n\}$ とは，漸化式

$$a_{n+2} - a_{n+1} - a_n = 0, \quad (n \geq 0) \tag{1.25}$$
$$a_0 = 1, a_1 = 1 \tag{1.26}$$

で定義される数列のことである．その一般項を求めよ.

解　数列 $\mathbf{a}$ の母関数を $G(\mathbf{a})$ とすると，式 (1.17)-(1.19) を用いて行った計算と同様にして

$$(1 - x - x^2)G(\mathbf{a}) = a_0 + (a_1 - a_0)x$$

という関係式が得られる．しかも初項は $a_0 = 1, a_1 = 1$ であったから，この右辺は 1 に等しく，したがって

$$G(\mathbf{a}) = \frac{1}{1 - x - x^2} \tag{1.27}$$

であることがわかる．あとはこの右辺を部分分数分解すればよい．そのためには 2 次方程式

$$t^2 - t - 1 = 0$$

と解けばよく，

$$t = \frac{1 \pm \sqrt{5}}{2}$$

である．そこでこの 2 つの根を

$$\alpha = \frac{1 + \sqrt{5}}{2}, \beta = \frac{1 - \sqrt{5}}{2}$$

とおこう．そうすれば (1.27) の右辺の部分分数分解は

$$\frac{1}{1 - x - x^2} = \frac{A}{1 - \alpha x} + \frac{B}{1 - \beta x}$$

とおくことができる．この両辺に $1 - x - x^2$ を掛けると

$$1 = A(1 - \beta x) + B(1 - \alpha x)$$

この式で $x = \dfrac{1}{\alpha}, x = \dfrac{1}{\beta}$ とおくと

$$1 = A\left(1 - \frac{\beta}{\alpha}\right) = A\frac{\alpha - \beta}{\alpha},$$

$$1 = B\left(1 - \frac{\alpha}{\beta}\right) = B\frac{\beta - \alpha}{\beta}$$

となるから

$$A = \frac{\alpha}{\alpha - \beta},$$

$$B = \frac{-\beta}{\alpha - \beta}$$

である．したがって

$$\frac{1}{1 - x - x^2} = \frac{1}{\alpha - \beta}\left(\frac{\alpha}{1 - \alpha x} - \frac{\beta}{1 - \beta x}\right) \tag{1.28}$$

となる．さらにこの右辺に現れる 2 つの分数式は等比級数の公式より

$$\frac{\alpha}{1-\alpha x} = \alpha(1 + \alpha x + \alpha^2 x^2 + \cdots)$$
$$= \alpha + \alpha^2 x + \alpha^3 x^2 + \cdots,$$
$$\frac{\beta}{1-\beta x} = \beta + \beta^2 x + \beta^3 x^2 + \cdots,$$

と表されるから，式 (1.28) の右辺が

$$\frac{1}{\alpha-\beta}((\alpha + \alpha^2 x + \alpha^3 x^2 + \cdots)$$
$$-(\beta + \beta^2 x + \beta^3 x^2 + \cdots))$$
$$= \frac{1}{\alpha-\beta}((\alpha - \beta) + (\alpha^2 - \beta^2)x + (\alpha^3 - \beta^3)x^2 + \cdots)$$

というように計算される．これを式 (1.27) と合わせれば

$$G(\mathbf{a}) = \frac{1}{\alpha-\beta}((\alpha - \beta) + (\alpha^2 - \beta^2)x + (\alpha^3 - \beta^3)x^2 + \cdots)$$

であることがわかった．さらに

$$\alpha - \beta = \frac{1+\sqrt{5}}{2} - \frac{1-\sqrt{5}}{2}$$
$$= \sqrt{5}$$

であるから，次の一般項の表示が得られた：

$$a_n = \frac{1}{\sqrt{5}}(\alpha^{n+1} - \beta^{n+1})$$
$$= \frac{1}{\sqrt{5}}\left(\left(\frac{1+\sqrt{5}}{2}\right)^{n+1} - \left(\frac{1-\sqrt{5}}{2}\right)^{n+1}\right)$$

1.10 母関数の掛け算：たたみ込み

ここまで母関数同士を足したり，引いたり，あるいは一つの母関数に x や $\frac{1}{1-x}$ などの式を掛けることで，有用な等式が得られる，という事実を見てきた．本節では「母関数同士を掛ける」こともできる，ということを見ていきたい．

問題は，数列 $\mathbf{a} = \{a_n\}$ の母関数

$$G(\mathbf{a}) = a_0 + a_1 x + a_2 x^2 + a_3 x^3 + \cdots \tag{1.29}$$

と，数列 $\mathbf{b} = \{b_n\}$ の母関数

$$G(\mathbf{b}) = b_0 + b_1 x + b_2 x^2 + b_3 x^3 + \cdots \tag{1.30}$$

の右辺同士を掛けるにはどうしたらよいか，ということである．手始めに $\mathbf{a}$ も $\mathbf{b}$ も第 2 項以降がすべて 0 の場合を考えてみよう．したがって

$$(a_0 + a_1 x)(b_0 + b_1 x)$$

を展開するだけのことであり

$$\begin{aligned}(a_0 + a_1 x)&(b_0 + b_1 x) \\ = a_0 b_0 &+ (a_0 b_1 + a_1 b_0)x \\ &+ (a_1 b_1)x^2\end{aligned} \tag{1.31}$$

となる．次に $\mathbf{a}$ も $\mathbf{b}$ も第 3 項以降がすべて 0 の場合なら

$$\begin{aligned}(a_0 + a_1 x + a_2 x^2)&(b_0 + b_1 x + b_2 x^2) \\ = a_0 b_0 + (a_0 b_1 + a_1 b_0)x &+ (a_0 b_2 + a_1 b_2 + a_2 b_0)x^2 \\ &+ (a_1 b_2 + a_2 b_1)x^3 + (a_2 b_2)x^4\end{aligned} \tag{1.32}$$

となっている．これらを観察すると，どちらも

$$x^1 \text{ の係数は } a_0 b_1 + a_1 b_0$$

であって共通である．しかもこの「$a_0 b_1 + a_1 b_0$」の添え字に注目すると第 1 項は 0 と 1，第 2 項は 1 と 0 であってどちらも足して 1 になる非負整数のペアである．同じように (1.32) の 2 次式同士の掛け算の展開式では

$$x^2 \text{ の係数は } a_0 b_2 + a_1 b_1 + a_2 b_0 \tag{1.33}$$

であって，その添え字は第 1 項が 0 と 2，第 2 項は 1 と 1，第 3 項が 2 と 0 というように，足して 2 になる非負整数のペアがすべて現れる．しかも (1.31) の 1 次式同士の掛け算の展開の 2 次の項の係数は「$a_1 b_1$」だけだが，これは (1.33) において $a_2 = 0, b_2 = 0$ だから対応する項が現れない，という原因もわかる．したがって以上を自然に一般化すれば次の命題が得られる：

命題 1.10

数列 $\mathbf{a} = \{a_n\}$ の母関数 $G(\mathbf{a})$ と，数列 $\mathbf{b} = \{b_n\}$ の母関数 $G(\mathbf{b})$ を掛けた級数を

$$c_0 + c_1 x + c_2 x^2 + c_3 x^3 + \cdots = \sum_{n=0}^{\infty} c_n x^n$$

とおくと

$$c_0 = a_0 b_0,$$
$$c_1 = a_0 b_1 + a_1 b_0,$$
$$c_2 = a_0 b_2 + a_1 b_1 + a_2 b_0,$$
$$c_3 = a_0 b_3 + a_1 b_2 + a_2 b_1 + a_3 b_0,$$
$$\cdots$$

一般に

$$c_n = \sum_{k=0}^{n} a_k b_{n-k} \tag{1.34}$$

が成り立つ.

ここで等式 (1.34) の右辺に現れる和は今後色々な場面で出会うことになる. それを踏まえて次の定義を導入する：

定義 1.11

数列 $\mathbf{a} = \{a_n\}, \mathbf{b} = \{b_n\}$ が与えられたとき，式 (1.34) で定義される数列 $\mathbf{c} = \{c_n\}$ を「数列 $\mathbf{a}$ と数列 $\mathbf{b}$ のたたみ込み（*convolution*）」といい，記号で

$$\mathbf{c} = \mathbf{a} \star \mathbf{b}$$

と表す.

この記号を使うと，命題 1.10 で主張されている内容が

$$G(\mathbf{a} \star \mathbf{b}) = G(\mathbf{a})G(\mathbf{b}) \tag{1.35}$$

というように極めて簡潔に表される.

命題 1.10 の直接の応用として，数列の和とたたみ込みとの簡明な関係を導くことができる：

命題 1.12

すべての項が 1 である数列を **1** とおくと，任意の数列 $\mathbf{a} = \{a_n\}$ に対して

$$\mathbf{a} \star \mathbf{1} = \Sigma(\mathbf{a}) \tag{1.36}$$

が成り立つ．特に

$$G(\Sigma(\mathbf{a})) = \frac{1}{1-x} G(\mathbf{a}) \tag{1.37}$$

である．

証明　等式 (1.34) において $\mathbf{b} = \mathbf{1}$ とおくと

$$c_n = \sum_{k=0}^{n} a_k$$

となるから，これは 1.5 節で述べた数列 $\mathbf{a}$ の和分の定義に一致している．したがって等式 (1.36) が成り立つ．後半の式 (1.37) については

$$G(\mathbf{1}) = \frac{1}{1-x}$$

であることに注意すれば，今得られた (1.36) の両辺の母関数をとることによって等式 (1.34)，(1.35) から導かれる．　　　　　　□

───────────── ● 第 1 章 練習問題 ● ─────────────

1. 初項が a，公差が d の等差数列の母関数を求めよ．

2. 数列 $\mathbf{a} = \{a_n\}$ が $a_n = n \ (n \geq 0)$ で定義されているとき，その母関数 $G(\mathbf{a})$ を求めよ．

3. 命題 1.7 の (2) が成り立つことを証明せよ．

4. 数列 $\mathbf{a} = \{a_n\}$ が $a_n = (n+1)(n+2)(n+3) \ (n \geq 0)$ で定義されているとき，その母関数 $G(\mathbf{a})$ を求めよ．

5. 数列 $\mathbf{a} = \{a_n\}$ が 3 項間の漸化式

$$a_{n+2} - 4a_{n+1} + 3a_n = 0, \quad (n \geq 0)$$
$$a_0 = 2, a_1 = 4$$

で定義されている．

(1) 母関数 $G(\mathbf{a})$ を求めよ．

(2) 一般項 a_n を求めよ．

2   離散解析

第 1 章では，数列をそこから作られる母関数を通して考察する方法を述べた．本章では，数列を非負整数の集合 $\mathbf{N}_0$ の上の関数とみる立場から，普通の微分や積分の離散版に当たる操作を通して「離散解析」というべき手法を展開する．

2.1   差分

数列 $\{a_n\}$ が与えられたとき，その階差数列 $\{b_n\}$ とは

$$b_n = a_{n+1} - a_n, \ \ n \geq 0$$

で与えられる数列であった．そして数列とは，各非負整数 n に対して値 a_n が指定されたものであるから，これは非負整数の集合 $\mathbf{N}_0$ から複素数の集合 $\mathbf{C}$ への写像（関数）とみることもできる．以後本章ではこのような関数を「離散関数」と呼ぶ．その立場では「階差」は次のように見直すことができる：

定義 2.1

離散関数 $f : \mathbf{N}_0 \to \mathbf{C}$ が与えられたとき，その差分と呼ばれる離散関数 $\Delta(f) : \mathbf{N}_0 \to \mathbf{C}$ を

$$\Delta(f)(x) = f(x+1) - f(x)$$

で定義する．

例えば，$f(x) = x^2$ のときは

$$\begin{aligned}
\Delta(f)(x) &= f(x+1) - f(x) \\
&= (x+1)^2 - x^2 \\
&= 2x + 1
\end{aligned}$$

となる．では次の 2 つの例を見てほしい．

例 2.1　$f(x) = x(x-1)$ のときは

$$\begin{aligned}
\Delta(f)(x) &= f(x+1) - f(x) \\
&= (x+1)x - x(x-1) \\
&= ((x+1)-(x-1))x \\
&= 2x
\end{aligned}$$

例 2.2 $f(x) = x(x-1)(x-2)$ のときは

$$
\begin{aligned}
\Delta(f)(x) &= f(x+1) - f(x) \\
&= (x+1)x(x-1) - x(x-1)(x-2) \\
&= ((x+1) - (x-2))x(x-1) \\
&= 3x(x-1)
\end{aligned}
$$

この 2 つの例がどこか微分と似ていることには理由がある．以下その理由を見ていこう．

定義 2.2

自然数 n に対し

$$
x^{\underline{n}} = x(x-1)(x-2)\cdots(x-n+1)
$$

と定義する．さらに

$$
x^{\underline{0}} = 1
$$

と定める．

注意．これはカペリ（Capelli）によって導入された記法であるが，クヌス（Knuth）はその著書「Concrete Mathematics」において，「$x^{\underline{n}}$」を「x to the n-falling」と読むことを提案している．英語では x の普通の n 乗のことを「x to the n-th」と読むのだが，そのあとに「falling」という修飾語をつけたのであり，したがって日本語では普通の階乗と似ていることも踏まえて「x の n 階乗」と呼ぶこと（この本では）にしたい．

この記号を使うと，先ほどの例 2.1, 2.2 で得られた等式が

$$
\begin{aligned}
\Delta(x^{\underline{2}}) &= 2x^{\underline{1}}, \\
\Delta(x^{\underline{3}}) &= 3x^{\underline{2}}
\end{aligned}
$$

と表されることになる．さらに

$$
\Delta(x^{\underline{n}}) = nx^{\underline{n-1}} \tag{2.1}
$$

が成り立つことを示すこともできる（⇐ 章末問題 1 参照）．ここまでくれば普通の微分との類似は明らかであろう．

2.2 和分

微分の逆演算が積分であるように，差分の逆演算として「和分」というもの
を導入しその性質を調べたい．

定義 2.3

離散関数 F を差分すると離散関数 f になるとき，すなわち $\Delta(F) = f$ が
成り立つとき，「F は f の和分である」といい

$$\Sigma(f) = F$$

と表す．

例えば前節で見たように

$$\Delta(x^2) = 2x + 1$$

であったから，逆に $2x + 1$ を和分すると x^2 になる，と言える．記号で書くと

$$\Sigma(2x + 1) = x^2 \tag{2.2}$$

が成り立つ．ここで注意すべきことは，例えば

$$\Delta(x^2 + 1) = 2x + 1$$

でもあるから，$x^2 + 1$ も $2x + 1$ の和分である，ということになる．これは $f(x)$
が定数関数 $f(x) = C$ のときは

$$\Delta(f) = f(x + 1) - f(x) = C - C = 0$$

となってその差分が 0 であり，したがってどんな関数 f に対しても

$$\Delta(f(x) + C) = \Delta(f(x))$$

が成り立つからである．実はこの逆が成り立つという次の命題は重要である：

命題 2.4

離散関数 f の差分が 0 ならば，f は定数関数である．

証明 $\Delta(f) = 0$ という仮定を，差分の定義 $\Delta(f) = f(x+1) - f(x)$ と合わせると

$$f(x+1) - f(x) = 0$$

がすべての $x \in \mathbf{N}_0$ に対して成り立つことになる．したがって $x = 0, 1, 2, \cdots$ と順に代入していくと

$$f(0) = f(1),$$
$$f(1) = f(2),$$
$$f(2) = f(3),$$
$$\cdots$$

というように，関数 f はすべての非負整数に対してその値が一定の値であることがわかる．したがって f は定数関数であり，証明が完成する．□

この命題の系として次の重要な事実が導かれる：

系 2.5

2 つの離散関数 f, g について，それらの差分が一致するならば，その差は定数である．すなわち

$$\Delta(f) = \Delta(g) \text{ ならば } f = g + C \ (C \in \mathbf{C})$$

である．

証明 仮定より

$$\Delta(f - g) = \Delta(f) - \Delta(g) = 0 \tag{2.3}$$

が成り立っているから，命題 2.4 より $f - g = C$ をみたす定数 $C \in \mathbf{C}$ が存在する．したがって $f = g + C$ である．□

注意．上の証明の中の式 (2.3) の最初の等号は，

「差分という操作は線形である」

ということに基づいている．すなわち任意の関数 $f, g : \mathbf{N}_0 \to \mathbf{C}$ に対して

$$\Delta(f + g) = \Delta(f) + \Delta(g)$$

が成り立ち，任意の定数 $c \in \mathbf{C}$ に対して

$$\Delta(cf) = c\Delta(f)$$

が成り立つ，という性質を用いていることに注意しよう（章末問題 2 参照）．

　この系を考慮すると，上の等式 (2.2) は，正確には

$$\Sigma(2x+1) = x^2 + C$$

と書くのが正しい，ということになる．つまり，不定積分のときに「積分定数」が現れるのと並行した現象である．さらに上で見た等式 (2.1) より

$$\Delta\left(\frac{x^{n+1}}{n+1}\right) = x^n$$

が成り立っている．したがって

$$\Sigma(x^{\underline{n}}) = \frac{1}{n+1} x^{\underline{n+1}} + C \tag{2.4}$$

となり，不定積分の公式

$$\int x^n dx = \frac{1}{n+1} x^{n+1} + C$$

と全く同じ形である．

2.3　和分と数列の和

　次に和分は，その名の通り関数の和と関係していることを見ていこう．そこで離散関数 f に対して，次のようにして別の離散関数 F を定義する：

$$F(x) = \begin{cases} f(0) + f(1) + f(2) + \cdots + f(x-1), & x \geq 1, \\ 0, & x = 0. \end{cases}$$

この F の差分を求めてみると，$x \geq 1$ のときは

$$\begin{aligned} \Delta(F)(x) &= F(x+1) - F(x) \\ &= (f(0) + f(1) + f(2) + \cdots + f(x-1) + f(x)) \\ &\quad -(f(0) + f(1) + f(2) + \cdots + f(x-1)) \\ &= f(x) \end{aligned}$$

となるし，$x = 0$ のときも

$$\begin{aligned} \Delta(F)(0) &= F(1) - F(0) \\ &= f(0) - 0 \\ &= f(0) \end{aligned}$$

となる．したがって次の命題が得られた：

命題 2.6

離散関数 f に対し，離散関数 F を

$$F(x) = \begin{cases} f(0) + f(1) + f(2) + \cdots + f(x-1), & x \geq 1, \\ 0, & x = 0. \end{cases}$$

で定義すると

$$\Delta(F) = f$$

が成り立つ．したがって f の和分が

$$\Sigma(f) = F + C \quad (C \text{ は定数})$$

と表される．

さらに数列の和との関連を明確にするために，定積分に相当する状況を考えよう．ここで非負整数の組 $a, b \ (a < b)$ に対して総和

$$\sum_{x=a}^{b-1} f(x) = f(a) + f(a+1) + \cdots + f(b-1)$$

は，上の F を用いれば

$$F(b) - F(a)$$

と表されることに注意する．さらに f の任意の和分 H を取ったとしても，系 2.5 によれば $H = F + C$（C は定数）と表されるのであったから

$$H(b) - H(a) = (F(b) + C) - (F(a) + C) = F(b) - F(a)$$

という等式が成り立つ．したがって次の命題が得られた：

命題 2.7

離散関数 f の任意の和分 F に対して

$$\sum_{x=a}^{b-1} f(x) = [F(x)]_a^b$$

が成り立つ．

---

28 2 離散解析

この命題の応用は実に広い．いくつかの例で示していこう．

例 2.3 $1 \cdot 2 + 2 \cdot 3 + \cdots + (n-1)n = \displaystyle\sum_{x=2}^{n} x(x-1)$ を求めよ．

解] この和の各項 $x(x-1)$ は $x^{\underline{2}}$ であることに注意しよう．また，その和分が $\dfrac{x^{\underline{3}}}{3}$ であることはすでに (2.4) で見た．したがってこの和は命題 2.7 において $a=2, b=n+1, f(x)=x^{\underline{2}}$ の場合に対応しており

$$\sum_{x=2}^{n} x^{\underline{2}} = \left[\frac{x^{\underline{3}}}{3}\right]_{2}^{n+1}$$
$$= \frac{1}{3}((n+1)^{\underline{3}} - 2^{\underline{3}})$$
$$= \frac{1}{3}((n+1)n(n-1) - 2 \cdot 1 \cdot 0)$$
$$= \frac{1}{3}(n+1)n(n-1)$$

というように，ほぼ機械的に総和が求められた．

次の例の総和は「等差数列の和」であって，もちろんよく知られているが，和分の応用としてやってみよう．

例 2.4 $1 + 2 + 3 + \cdots + n = \displaystyle\sum_{x=1}^{n} x$ を求めよ．

解] この和の各項 x は $x^{\underline{1}}$ でもあることを利用する．また，その一つの和分が $\dfrac{x^{\underline{2}}}{2}$ であることはすでに (2.4) で見た．したがって命題 2.7 において $a=1, b=n+1, f(x)=x^{\underline{1}}$ の場合に対応しており

$$\sum_{x=1}^{n} x^{\underline{1}} = \left[\frac{x^{\underline{2}}}{2}\right]_{1}^{n+1}$$
$$= \frac{1}{2}((n+1)^{\underline{2}} - 1^{\underline{2}})$$
$$= \frac{1}{2}((n+1)n - 1 \cdot 0)$$
$$= \frac{1}{2}(n+1)n$$

という周知の公式になる．

ここで例 2.3 の等式の右辺 $\displaystyle\sum_{x=2}^{n} x(x-1)$ は $\displaystyle\sum_{x=1}^{n} x(x-1)$ とも等しいことに注意する．なぜなら $x=1$ のときは $x(x-1)$ は $1 \cdot 0 = 0$ となって総和に影響しな

いからである．すると例 2.3 と例 2.4 の等式の右辺同士を加えると

$$\sum_{x=2}^{n} x(x-1) + \sum_{x=1}^{n} x$$
$$= \sum_{x=1}^{n} x(x-1) + \sum_{x=1}^{n} x$$
$$= \sum_{x=1}^{n} (x(x-1) + x)$$
$$= \sum_{x=1}^{n} ((x^2 - x) + x)$$
$$= \sum_{x=1}^{n} x^2$$
$$= 1^2 + 2^2 + \cdots + n^2$$

となって，「2 乗の和」が出てくる．したがって例 2.3 と例 2.4 の答同士を加えたものが「2 乗の和の公式」になっているはずで，実際

$$\frac{1}{3}(n+1)n(n-1) + \frac{1}{2}(n+1)n$$
$$= \frac{n(n+1)}{6}(2(n-1) + 3)$$
$$= \frac{n(n+1)(2n+1)}{6}$$

というよく知られた公式になる．

　このような導出ができた理由は，式変形としては $x(x-1) + x = x^2$ という単純な等式があったからと見えるが，実はその根拠は深い．それは

$$x^2 = x^{\underline{2}} + x^{\underline{1}}$$

というように

　　　「2 次式 x^2 が階乗関数 $x^{\underline{2}}$ と $x^{\underline{1}}$ の 1 次結合として表された」

こと，そして

　　　「階乗関数 $x^{\underline{2}}$, $x^{\underline{1}}$ の和分が簡単に計算できる」

という 2 つの著しい事実から可能になったのである．次節でそのあたりの数学を深めていきたい．

2.4   有限階差法

　与えられた多項式を階乗関数の 1 次結合として表す方法としての「有限階差法」を解説するのが本節の目標である.

　例えば前節で取り上げた 2 乗の関数 $f(x) = x^2$ について, $f, \Delta(f), \Delta^2(f), \cdots$ それぞれの $n = 0, 1, 2, \cdots$ での値を表にしてみる:

表 2.1

x	0	1	2	3	4	$\cdots$
$f(x) = x^2$	0	1	4	9	16	$\cdots$
$\Delta(f)(x)$		1	3	5	7	$\cdots$
$\Delta^2(f)(x)$			2	2	2	$\cdots$
$\Delta^3(f)(x)$				0	0	$\cdots$

　この表は, 先に $\Delta(f), \Delta^2(f), \cdots$ を計算して x の値を代入するのではなく, $f(x)$ の値を書き込んだら, その下の行は「右上 − 左上」を計算して書き込み, 次の行もすぐ上の行を使って同じように計算し, $\cdots$, というふうに計算すればよい. このようにして作られる表を「有限階差表」という.

　では $f(x) = x^{\underline{2}} = x(x-1)$ の有限階差表はどうなるだろうか. 実際計算していくと

表 2.2

x	0	1	2	3	4	$\cdots$
$f(x) = x^{\underline{2}}$	0	0	2	6	12	$\cdots$
$\Delta(f)(x)$		0	2	4	6	$\cdots$
$\Delta^2(f)(x)$			2	2	2	$\cdots$
$\Delta^3(f)(x)$				0	0	$\cdots$

というようになる. さらに $f(x) = x^{\underline{1}}$ の有限階差表は次のようになる:そこで表 2.2 と表 2.3 の対応する欄の値を加えた表を作ってみると, 表 2.1 の $f(x) = x^2$ の有限階差表が再現される. これは $x^2 = x^{\underline{2}} + x^{\underline{1}}$ であったことと対応している. さらに重要なことは

　　　「どんな多項式の有限階差表も最初の列だけ見れば復元できる」

表 2.3

x	0	1	2	3	4	$\cdots$
$f(x) = x^{\underline{1}}$	0	1	2	3	4	$\cdots$
$\Delta(f)(x)$		1	1	1	1	$\cdots$
$\Delta^2(f)(x)$			0	0	0	$\cdots$
$\Delta^3(f)(x)$				0	0	$\cdots$

例えば表 2.1 の場合は

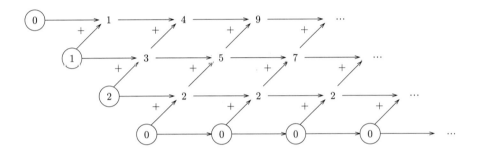

というように，列の隣同士の数を加えて右上に書いていけばすべての欄がうめられる．ただし一番下の行はみんな 0 になっている，ということが効いている．これは一般的な現象であって，次のように定式化される：

命題 2.8

n 次多項式の階差表は第 $(n+1)$ 行がすべて 0 になる．

証明　まず「n 次式の差分は $n-1$ 次式になる」ことに注意しよう．なぜなら x^n の差分は

$$\Delta(x^n) = (x+1)^n - x^n$$
$$= (x^n + nx^{n-1} + \cdots) - x^n$$
$$= nx^{n-1} + \cdots$$

というように $n-1$ 次式になり，したがって一般に $f(x) = a_0 x^n + a_1 x^{n-1} + a_2 x^{n-2} + \cdots$ という形のときも，第 2 項以降のすべての項の次数が 1 ずつ減るから，全体として $n-1$ 次になるからである．（$\Leftarrow a_0 \neq 0$ であることに注意．）

したがって n 次式 $f(x)$ を n 回差分した $\Delta^n(f)$ は 0 次式，すなわち定数になり，さらにもう一度差分すれば 0 になる．つまり $n+1$ 回差分すれば 0 になる．これは階差表の第 $n+1$ 行がすべて 0 になることを意味している．　　　□

　これらのことから次の重要かつ非常に有用な定理が得られる：

定理 2.9

n 次式 $f(x)$ に対し，次の等式が成り立つ：

$$f(x) = \sum_{k=0}^{n} \frac{\Delta^k(f)(0)}{k!} x^k$$

注意．微積分学におけるテイラー展開（マクローリン展開）の公式

$$f(x) = \sum_{k=0}^{n} \frac{D^k(f)(0)}{k!} x^k$$

と非常によく似ていることは注目すべきである．（ただし，$D(f) = \dfrac{df}{dx}$ というように微分を表している．）

証明　$n=2$ の場合で様子を見てみよう．そこで

$$f(x) = a_0 + a_1 x^{\underline{1}} + a_2 x^{\underline{2}} \tag{2.5}$$

とおくと，$x=0$ を代入すれば

$$f(0) = a_0$$

となる．では (2.5) を差分すると

$$\Delta(f)(x) = a_1 + 2a_2 x^{\underline{1}} \tag{2.6}$$

となるから，ここで $x=0$ を代入すれば

$$\Delta(f)(0) = a_1$$

となる．さらに (2.6) を差分すると

$$\Delta^2(f)(x) = 2a_2$$

となるから，ここで $x=0$ を代入すれば

$$\Delta^2(f)(0) = 2a_2$$

となる．以上より

$$a_0 = f(0), a_1 = \Delta(f)(0), a_2 = \frac{\Delta^2(f)(0)}{2}$$

というように，命題が $n = 2$ の場合に確かめられた．一般の場合も同様で，

$$\Delta^m(x^{\underline{k}}) = k(k-1)\cdots(k-m+1)x^{\underline{k-m}}$$

であるから，$g_k(x) = x^{\underline{k}}$ とおくと

$$\Delta^m(g_k)(0) = \begin{cases} 0, & m < k \text{ のとき,} \\ k!, & m = k \text{ のとき,} \\ 0, & m > k \text{ のとき} \end{cases}$$

となっていることから，

$$f(x) = a_0 + a_1 x^{\underline{1}} + a_2 x^{\underline{2}} + \cdots + a_n x^{\underline{n}}$$

の場合なら，$m \le k$ をみたす m に対して

$$\Delta^m(f)(0) = m! a_m x^{\underline{m}}$$

が成り立ち，命題の等式が成り立つのである． $\square$

　この定理の応用として「3 乗の和の公式」を作ってみよう．$f(x) = x^3$ とおくと，その階差表は次のようになる：したがって定理 2.9 より

表 2.4

x	0	1	2	3	4	$\cdots$
$f(x) = x^3$	0	1	8	27	64	$\cdots$
$\Delta(f)(x)$		1	7	19	37	$\cdots$
$\Delta^2(f)(x)$			6	12	18	$\cdots$
$\Delta^3(f)(x)$				6	6	$\cdots$
$\Delta^4(f)(x)$				0	$\cdots$	

$$x^3 = \sum_{k=0}^{3} \frac{\Delta^k(f)(0)}{k!} x^{\underline{k}}$$
$$= 0 \cdot x^{\underline{0}} + 1 \cdot x^{\underline{1}} + \frac{6}{2!} x^{\underline{2}} + \frac{6}{3!} x^{\underline{3}}$$
$$= x^{\underline{1}} + 3x^{\underline{2}} + x^{\underline{3}}$$

と表される. この両辺を和分すれば

$$\Sigma(x^{\underline{3}}) = \Sigma(x^{\underline{1}}) + 3\Sigma(x^{\underline{2}}) + \Sigma(x^{\underline{3}})$$
$$= \frac{x^{\underline{2}}}{2} + x^{\underline{3}} + \frac{x^{\underline{4}}}{4} + C$$

となるから, 命題 2.7 において $a = 1, b = n + 1$ とおけば

$$\sum_{x=1}^{n} x^3 = \left[\frac{x^{\underline{2}}}{2} + x^{\underline{3}} + \frac{x^{\underline{4}}}{4}\right]_1^{n+1}$$
$$= \frac{(n+1)n}{2} + (n+1)n(n-1) + \frac{(n+1)n(n-1)(n-2)}{4}$$
$$= \frac{(n+1)n}{4}(2 + 4(n-1) + (n-1)(n-2))$$
$$= \frac{(n+1)n}{4}(n^2 + n)$$
$$= \left(\frac{(n+1)n}{2}\right)^2$$

という周知の公式が完全に機械的に得られた（！）

2.5 詳説－定理 2.9 と線形代数

定理 2.9 の説明に用いた論法は, 線形代数学の「基底」の概念に本質的に関わっている. 本節はその関わりを解説するのが目標である.

まずは「基底」とは何だったかを復習しておこう：

定義 2.10

線形空間 V の n 個のベクトル $\mathbf{v}_1, \cdots, \mathbf{v}_n$ が次の条件をみたすとき, これらを V の基底という：

(1) V の任意のベクトルは $\mathbf{v}_1, \cdots, \mathbf{v}_n$ の 1 次結合として表される,
(2) $\mathbf{v}_1, \cdots, \mathbf{v}_n$ は 1 次独立である.

さらに, ここに現れる用語「1 次結合」,「1 次独立」の意味するところも復習しておこう：

定義 2.11

(1) 線形空間 V のベクトル $\mathbf{v}$ が，定数 $c_1, \cdots, c_n$ を用いて

$$\mathbf{v} = c_1\mathbf{v}_1 + \cdots + c_n\mathbf{v}_n$$

と表されるとき，$\mathbf{v}$ は $\mathbf{v}_1, \cdots, \mathbf{v}_n$ の 1 次結合である，という．

(2) 線形空間 V の n 個のベクトル $\mathbf{v}_1, \cdots, \mathbf{v}_n$ に対して

$$c_1\mathbf{v}_1 + \cdots + c_n\mathbf{v}_n = \mathbf{0}$$

という関係式が $(c_1, \cdots, c_n) = (0, \cdots, 0)$ 以外の定数については成り立たないとき，$\mathbf{v}_1, \cdots, \mathbf{v}_n$ は 1 次独立である，という．

次の命題は基底が持つ重要な性質の一つである：

命題 2.12

$\mathbf{v}_1, \cdots, \mathbf{v}_n$ が V の基底であるとき，V のベクトル $\mathbf{v}$ をそれらの 1 次結合として表すやり方はただ一通りしかない．

証明 表し方が

$$\mathbf{v} = c_1\mathbf{v}_1 + \cdots + c_n\mathbf{v}_n \tag{2.7}$$
$$\mathbf{v} = c_1'\mathbf{v}_1 + \cdots + c_n'\mathbf{v}_n \tag{2.8}$$

というように二通りあったとしよう．このとき式 (2.7) から (2.8) を引くと

$$\begin{aligned}\mathbf{0} &= (c_1\mathbf{v}_1 + \cdots + c_n\mathbf{v}_n) \\ &\quad -(c_1'\mathbf{v}_1 + \cdots + c_n'\mathbf{v}_n) \\ &= (c_1 - c_1')\mathbf{v}_1 + \cdots + (c_n - c_n')\mathbf{v}_n\end{aligned}$$

すなわち

$$(c_1 - c_1')\mathbf{v}_1 + \cdots + (c_n - c_n')\mathbf{v}_n = \mathbf{0}$$

という等式が得られる．ところが基底の定義 2.10 の (2)，したがって定義 2.11 の (2) より，この式から

$$c_1 - c_1' = 0, c_2 - c_2' = 0, \cdots, c_n - c_n' = 0$$

という条件が得られ，$(c_1, \cdots, c_n) = (c'_1, \cdots, c'_n)$ となるから，命題の証明が完成する． □

さて，一通り線形代数の復習が終わったところで，前節での議論を改めて見直してみたい．今後

$$\text{「}n\text{ 次以下の多項式の全体の集合」} = P_n$$

と書くことにする．すると，n 次以下の多項式の和は n 次以下の多項式であるし，n 次以下の多項式の定数倍もそうなるから，P_n は線形空間である．ではその基底とはどのようなものか．

例 2.5　$n = 2$ の場合．
P_2 は 2 次以下の多項式の集合だから，その任意の元 $f(x)$ はもちろん

$$f(x) = a_0 + a_1 x + a_2 x^2 \quad (a_0, a_1, a_2 \in \mathbf{C})$$

と表されている．したがって P_2 の 3 つの元 $1, x, x^2$ が定義 2.10 の条件 (1) をみたしていることがわかる．では条件 (2) はどうだろうか．つまり「$1, x, x^2$ は 1 次独立か」という問題である．そこで

$$a_0 + a_1 x + a_2 x^2 = 0 \tag{2.9}$$

が成り立っていると仮定しよう．ここで大事なのは，右辺の「0」は「0 という多項式」を表しており，したがって等式 (2.9) は恒等式である，という点である．するといわゆる「未定係数法」から，$a_0 = 0, a_1 = 0, a_2 = 0$ であることが結論されるが，これはまさに「$1, x, x^2$ は 1 次独立である」ということを意味している．これで条件 (2) もみたされたから次の命題を得た：

命題 2.13
$1, x, x^2$ は P_2 の基底である．

一方で，定理 2.9 の内容は「$1, x^1, x^2$ が P_2 の基底である」ことに基づいている．そしてこのことは命題 2.13 から自然に導かれる，ということを説明していこう．その説明は一般論にも通じる議論なので，そこを踏まえた記号を使って

$$\mathbf{v}_1 = 1, \mathbf{v}_2 = x, \mathbf{v}_3 = x^2,$$
$$\mathbf{w}_1 = 1, \mathbf{w}_2 = x^{\underline{1}}, \mathbf{w}_3 = x^{\underline{2}}$$

とおく．すると $\mathbf{w}_1 = \mathbf{v}_1, \mathbf{w}_2 = \mathbf{v}_2$ となっているのは当然だが，3 番目の $\mathbf{w}_3$ については

$$\begin{aligned} \mathbf{w}_3 &= x^{\underline{2}} \\ &= x(x-1) \\ &= x^2 - x \\ &= -\mathbf{v}_2 + \mathbf{v}_3 \end{aligned}$$

というように表されている．したがってこれらをまとめて

$$(\mathbf{w}_1 \ \ \mathbf{w}_2 \ \ \mathbf{w}_3) = (\mathbf{v}_1 \ \ \mathbf{v}_2 \ \ \mathbf{v}_3) \begin{pmatrix} 1 & 0 & 0 \\ 0 & 1 & -1 \\ 0 & 0 & 1 \end{pmatrix} \tag{2.10}$$

と表すことができる．しかもこの右辺に現れる行列は正則であり，その逆行列 $\begin{pmatrix} 1 & 0 & 0 \\ 0 & 1 & 1 \\ 0 & 0 & 1 \end{pmatrix}$ を (2.10) の両辺に右から掛けると

$$(\mathbf{w}_1 \ \ \mathbf{w}_2 \ \ \mathbf{w}_3) \begin{pmatrix} 1 & 0 & 0 \\ 0 & 1 & 1 \\ 0 & 0 & 1 \end{pmatrix} = (\mathbf{v}_1 \ \ \mathbf{v}_2 \ \ \mathbf{v}_3) \tag{2.11}$$

となる．したがって

$$(\mathbf{v}_1 \ \ \mathbf{v}_2 \ \ \mathbf{v}_3) = (\mathbf{w}_1 \ \ \mathbf{w}_2 \ \ \mathbf{w}_2 + \mathbf{w}_3) \tag{2.12}$$

という具体的な表示が得られる．これらの式を用いて $\mathbf{w}_1, \mathbf{w}_2, \mathbf{w}_3$ も P_2 の基底となることを示そう．まず基底の条件 (1) については，P_2 の任意の元 $\mathbf{v}$ を与えると，命題 2.13 より

$$\begin{aligned} \mathbf{v} &= c_1 \mathbf{v}_1 + c_2 \mathbf{v}_2 + c_3 \mathbf{v}_3 \\ &= c_1 \mathbf{w}_1 + c_2 \mathbf{w}_2 + c_3 (\mathbf{w}_2 + \mathbf{w}_3) \\ &= c_1 \mathbf{w}_1 + (c_2 + c_3) \mathbf{w}_2 + c_3 \mathbf{w}_3 \end{aligned}$$

となるから，$\mathbf{v}$ は $\mathbf{w}_1, \mathbf{w}_2, \mathbf{w}_3$ の 1 次結合として表すことができ，条件 (1)

が言えた. 基底の条件 (2) については

$$c_1 \mathbf{w}_1 + c_2 \mathbf{w}_2 + c_3 \mathbf{w}_3 = \mathbf{0}$$

が成り立つと仮定すると (2.10) を代入して

$$c_1 \mathbf{v}_1 + c_2 \mathbf{v}_2 + c_3(-\mathbf{v}_2 + \mathbf{v}_3) = \mathbf{0}$$

が成り立つことになるが, 左辺を整理すると

$$c_1 \mathbf{v}_1 + (c_2 - c_3)\mathbf{v}_2 + c_3 \mathbf{v}_3 = \mathbf{0}$$

という等式になる. ところが $\mathbf{v}_1, \mathbf{v}_2, \mathbf{v}_3$ は命題 2.13 より基底であるから, 基底の条件 (2) より

$$c_1 = 0, c_2 - c_3 = 0, c_3 = 0$$

でなければならない. したがって $c_1 = c_2 = c_3 = 0$ であり, $\mathbf{w}_1, \mathbf{w}_2, \mathbf{w}_3$ も基底の条件 (2) をみたすことが示された. ここで得られたこともまとめておこう:

命題 2.14
$1, x^{\underline{1}}, x^{\underline{2}}$ は P_2 の基底である.

ここで命題 2.13 から命題 2.14 を導いた論法は自然に一般化することができ, 次の形になる:

命題 2.15
線形空間 V の基底 $\mathbf{v}_1, \mathbf{v}_2, \mathbf{v}_3$ が与えられたとき, 3 つのベクトル $\mathbf{w}_1, \mathbf{w}_2, \mathbf{w}_3$ を正則な 3 次行列 A を用いて

$$(\mathbf{w}_1 \ \ \mathbf{w}_2 \ \ \mathbf{w}_3) = (\mathbf{v}_1 \ \ \mathbf{v}_2 \ \ \mathbf{v}_3)A \tag{2.13}$$

で定義すると, $\mathbf{w}_1, \mathbf{w}_2, \mathbf{w}_3$ も V の基底になる.

注意. この命題は, 等式 (2.10) に現れる行列を A で置き換えれば全く同じように証明できる.

2.6 　階乗関数：負のべき乗の場合

普通の関数の微積分では n が負の整数の場合も

$$\frac{d}{dx}(x^n) = nx^{n-1},$$

$$\int x^n dx = \frac{x^{n+1}}{n+1} + C$$

というように n が正の整数の場合と全く同じ公式が成り立つのであった．このことを離散関数の場合も階乗関数を用いて一般化したい，というのがこの節の目論見である．

そこで少し実験してみよう．まず

$$f(x) - \frac{1}{x}$$

の場合は，その差分を計算すると

$$\begin{aligned}
\Delta(f)(x) &= f(x+1) - f(x) \\
&= \frac{1}{x+1} - \frac{1}{x} \\
&= \frac{-1}{x(x+1)}
\end{aligned}$$

となる．

注意．普通の関数の場合と同様に，$x = 0$ のとき $\frac{1}{x}$ は定義されないから，$f(x) = \frac{1}{x}$ は $\mathbf{N}_0$ から 0 をのぞいた $\mathbf{N}$ 上の関数と見ている．

今出てきた分数をさらに差分してみると

$$\begin{aligned}
\Delta\left(\frac{1}{x(x+1)}\right) &= \frac{1}{(x+1)(x+2)} - \frac{1}{x(x+1)} \\
&= \frac{-2}{x(x+1)(x+2)}
\end{aligned}$$

となっている．ここまで来れば次のように定義するのは自然であろう：

定義 2.16

n が正の整数のとき

$$x^{-n} = \frac{1}{x(x+1)\cdots(x+n-1)}$$

> と定義する. ただし, その定義域は $\mathbf{N}$ とする.

例えば

$$x^{\underline{-1}} = \frac{1}{x}$$

$$x^{\underline{-2}} = \frac{1}{x(x+1)}$$

$$x^{\underline{-3}} = \frac{1}{x(x+1)(x+2)}$$

となる. したがって

「$x^{\underline{-n}}$ の分母は x から始まる n 個の 1 次式の積である」

ということを頭に入れておけば覚え間違いがない.

早速差分の公式を作ろう：

命題 2.17

n が正の整数のとき

$$\Delta(x^{\underline{-n}}) = -nx^{\underline{-n-1}}$$

が成り立つ.

注意. 言い方を変えれば

「n が負の整数のとき $\Delta(x^{\underline{n}}) = nx^{\underline{n-1}}$ が成り立つ」

ということであり, n が正のときの差分の公式 (2.1) と全く同じである.

証明 定義にしたがって計算していくだけで

$$
\begin{aligned}
\Delta(x^{\underline{-n}}) &= \Delta\left(\frac{1}{x(x+1)\cdots(x+n-1)}\right) \\
&= \frac{1}{(x+1)(x+2)\cdots(x+n)} - \frac{1}{x(x+1)\cdots(x+n-1)} \\
&= \frac{1}{(x+1)\cdots(x+n-1)}\left(\frac{1}{x+n} - \frac{1}{x}\right) \\
&= \frac{1}{(x+1)\cdots(x+n-1)}\left(\frac{-n}{x(x+n)}\right) \\
&= -n\frac{1}{x(x+1)\cdots(x+n-1)(x+n)} \\
&= -nx^{\underline{-n-1}}
\end{aligned}
$$

となることがわかり，証明が完成する． □

この命題から直ちに和分の公式も得られる：

命題 2.18

n が 2 以上の正の整数のとき

$$
\Sigma(x^{\underline{-n}}) = \frac{1}{-n+1}x^{\underline{-n+1}}
$$

が成り立つ．

注意．この命題も言い方を変えれば

「n が -2 以下の負の整数のとき $\Sigma(x^{\underline{n}}) = \dfrac{1}{n+1}x^{\underline{n+1}}$ が成り立つ」

ということであり，n が正のときの和分の公式 (2.4) と全く同じである．

では早速数列の和を求める問題に応用してみよう．

例 2.6 $\dfrac{1}{1\cdot 2} + \dfrac{1}{2\cdot 3} + \cdots + \dfrac{1}{(n-1)n}$.

この和の各項は階乗関数 $x^{\underline{-2}}$ であることに注意すれば

$$
\sum_{x=1}^{n-1} x^{\underline{-2}}
$$

と表すことができる．したがって命題 2.7 と見比べれば

$$f(x) = x^{\underline{-2}}, a = 1, b = n$$

の場合に当たっており，和分の公式によって

$$
\begin{aligned}
\sum_{x=1}^{n-1} x^{\underline{-2}} &= \left[\frac{1}{-2+1} x^{\underline{-2+1}} \right]_1^n \\
&= \left[-x^{\underline{-1}} \right]_1^n \\
&= \left[-\frac{1}{x} \right]_1^n \\
&= -\frac{1}{n} + \frac{1}{1} \\
&= \frac{n-1}{n}
\end{aligned}
$$

であることがわかる．

例 2.7 $\dfrac{1}{1\cdot 2\cdot 3} + \dfrac{1}{2\cdot 3\cdot 4} + \cdots + \dfrac{1}{(n-2)(n-1)n}.$
この和の各項は階乗関数 $x^{\underline{-3}}$ であることに注意すれば

$$\sum_{x=1}^{n-2} x^{\underline{-3}}$$

と表すことができる．したがって命題 2.7 と見比べれば

$$f(x) = x^{\underline{-3}}, a = 1, b = n-1$$

の場合に当たっており，和分の公式によって

$$
\begin{aligned}
\sum_{x=1}^{n-2} x^{\underline{-3}} &= \left[\frac{1}{-3+1} x^{\underline{-3+1}} \right]_1^{n-1} \\
&= -\frac{1}{2} \left[x^{\underline{-2}} \right]_1^{n-1} \\
&= -\frac{1}{2} \left[\frac{1}{x(x+1)} \right]_1^{n-1} \\
&= -\frac{1}{2} \left(\frac{1}{n(n-1)} - \frac{1}{1\cdot 2} \right) \\
&= -\frac{1}{2} \cdot \frac{-n^2+n+2}{2n(n-1)} \\
&= \frac{(n+1)(n-2)}{4n(n-1)}
\end{aligned}
$$

であることがわかる．

2.7 e^x に対応する離散関数

微積分学においては指数関数 e^x が重要な役割を演じる．その一つの理由は「e^x は微分しても変わらない」という点である．すなわち

$$D(e^x) = e^x$$

が成り立つという事実である．では微分「D」を差分「Δ」に変えて

$$\Delta(f(x)) = f(x) \qquad (2.14)$$

という等式をみたす離散関数 $f : \mathbf{N}_0 \to \mathbf{C}$ があれば，差分に関するいろいろな問題に重要な役割を果たすであろう．そこで天下りだが $f(x) = 2^x$ とおいてその差分を計算してみると

$$
\begin{aligned}
\Delta(2^x) &= 2^{x+1} - 2^x \\
&= 2 \cdot 2^x - 2^x \\
&= (2-1) \cdot 2^x \\
&= 2^x
\end{aligned}
$$

となるから

$$\Delta(2^x) = 2^x$$

が成り立っており，(2.14) をみたす離散関数が見つかってしまった．

しかし，他にも (2.14) をみたす離散関数があるかもしれないので，地道に差分の定義だけを用いて考えてみよう．出発点は (2.14) の式，すなわち差分の定義より

$$f(x+1) - f(x) = f(x)$$

をみたす離散関数 $f(x)$ を求めたい，という問題である．この左辺の $f(x)$ を移項すると

$$f(x+1) = 2f(x)$$

となるから，x に $0, 1, 2, \cdots$ を順に代入していくと

$$
\begin{aligned}
f(1) &= 2f(0), \\
f(2) &= 2f(1) = 2 \cdot 2f(0) = 2^2 f(0), \\
f(3) &= 2f(2) = 2 \cdot 2^2 f(0) = 2^3 f(0) \\
&\quad \cdots
\end{aligned}
$$

となるから，任意の $x \in \mathbf{N}_0$ に対して

$$f(x) = 2^x f(0)$$

となっていることがわかる．したがって先に天下り的に見た「2^x」は $f(0) = 1$ の場合の (2.14) の解だったわけで，次の命題が得られたことになる：

命題 2.19

方程式 $\Delta(f(x)) = f(x)$ をみたす離散関数 $f(x)$ は

$$f(x) = C \cdot 2^x \qquad (C \in \mathbf{C})$$

の形のものに限る．

注意.「微分方程式 $D(f(x)) = f(x)$ の解が $f(x) = Ce^x$ の形のものに限る」ということを微分の定義だけから導くのは相当大変であり，むしろそこから自然対数の底「e」の定義に導かれることになる．その離散版に当たるこの命題がいとも簡単に得られる，ということは離散解析の利点の一つであろう．

2.8　e^{ax} に対応する離散関数

前節でお手本にした e^x は，微分方程式 $D(e^x) = e^x$ をみたす関数として特徴付けられるのであったが，さらに重要なのは，この方程式を

「関数 e^x は線形変換 D に関して固有値が 1 の固有ベクトルである」

と捉える視点である．その立場で見れば，定数 a に対して $D(e^{ax}) = ae^{ax}$ が成り立つこと，すなわち

「関数 e^{ax} は線形変換 D に関して固有値が a の固有ベクトルである」

ことが指数関数 e^{ax} の重要性の根拠となっているのである．では差分で対応する離散関数はどのようなものだろうか．すなわち

「線形変換 Δ に関して固有値が a である離散関数はどのようなものか」

という問題である．式で書けば

$$\Delta(f(x)) = af(x) \tag{2.15}$$

をみたす離散関数を求める問題である．これも前節のように差分の定義だけから考察してみよう．差分の定義より等式 (2.15) は

$$f(x+1) - f(x) = af(x)$$

となるが，前節と同様に移項すれば

$$f(x+1) = (a+1)f(x)$$

となる．そこで $x = 0, 1, 2, \cdots$ とおけば

$$
\begin{aligned}
f(1) &= (a+1)f(0), \\
f(2) &= (a+1)f(1) = (a+1)^2 f(0), \\
f(3) &= (a+1)f(2) = (a+1)^3 f(0), \\
&\cdots
\end{aligned}
$$

となるから，一般に $f(x) = f(0)(a+1)^x$ であることがわかり，次の命題が得られた：

命題 2.20

定数 $a \in \mathbf{C}$ に対して，方程式 $\Delta(f(x)) = af(x)$ をみたす離散関数 $f(x)$ は

$$f(x) = C \cdot (a+1)^x \qquad (C \in \mathbf{C})$$

の形のものに限る．

前節の命題 2.19 はこの命題の $a = 1$ の場合に当たるのであり，$a = 1, 2, 3, \cdots$ とすれば

$$
\begin{aligned}
\Delta(2^x) &= 2^x, \\
\Delta(3^x) &= 2 \cdot 3^x, \\
\Delta(4^x) &= 3 \cdot 4^x, \\
&\cdots
\end{aligned}
$$

が成り立つのである．また，この節の内容を一言でまとめれば

「微分作用素 D の固有値問題の解は e^{ax} で与えられ，
差分作用素 Δ の固有値問題の解は a^x で与えられる」

ということになり，微分と差分の間にまたしても透明な類似性があることは注目すべきである．

2.9　連立差分方程式

　線形代数学では，e^{ax} が微分作用素 D の固有関数であることを本質的に用いて，連立線形微分方程式の解法を導き出す．したがって前節の差分作用素と微

分作用素の緊密な関係を踏まえれば，連立差分方程式の解法を導き出すことができるであろう．これを実行し解説するのが本節の目標である．

　連立差分方程式とは，例えば離散関数 $f_1, f_2 : \mathbf{N}_0 \to \mathbf{C}$ であって

$$\begin{cases} \Delta(f_1) = af_1 + bf_2 \\ \Delta(f_2) = cf_1 + df_2 \end{cases}$$

をみたす f_1, f_2 を求める，という問題である．これに並行した連立微分方程式の場合の解法を思い出しながら，この問題の本質を探ろう．

　すなわち連立微分方程式

$$\begin{cases} D(f_1) = af_1 + bf_2 \\ D(f_2) = cf_1 + df_2 \end{cases} \tag{2.16}$$

をみたす関数を求める，という問題である．この解法は次のようなものであった．まずこの右辺の係数から作られる係数行列 $A = \begin{pmatrix} a & b \\ c & d \end{pmatrix}$ を用いると方程式 (2.16) が

$$D\begin{pmatrix} f_1 \\ f_2 \end{pmatrix} = A\begin{pmatrix} f_1 \\ f_2 \end{pmatrix} \tag{2.17}$$

と一つの等式にまとめられることに注意する．ただし右辺の「D」は両方の成分 f_1, f_2 を微分する，という意味である．そこで行列 A を対角化する行列を P とし，新たな関数 g_1, g_2 を

$$\begin{pmatrix} g_1 \\ g_2 \end{pmatrix} = P^{-1}\begin{pmatrix} f_1 \\ f_2 \end{pmatrix}$$

で定義する．したがって

$$\begin{pmatrix} f_1 \\ f_2 \end{pmatrix} = P\begin{pmatrix} g_1 \\ g_2 \end{pmatrix} \tag{2.18}$$

が成り立っているから，これを (2.17) に代入すると

$$D\left(P\begin{pmatrix} g_1 \\ g_2 \end{pmatrix}\right) = A\left(P\begin{pmatrix} g_1 \\ g_2 \end{pmatrix}\right)$$

ここで P は定数行列だから，微分の線形性によって

$$P\left(D\begin{pmatrix} g_1 \\ g_2 \end{pmatrix}\right) = A\left(P\begin{pmatrix} g_1 \\ g_2 \end{pmatrix}\right)$$

という等式になる．この両辺に左から P^{-1} を掛けると

$$D\begin{pmatrix} g_1 \\ g_2 \end{pmatrix} = P^{-1}AP\begin{pmatrix} g_1 \\ g_2 \end{pmatrix}$$

となるが，A の固有値を λ_1, λ_2 とすると $P^{-1}AP = \begin{pmatrix} \lambda_1 & 0 \\ 0 & \lambda_2 \end{pmatrix}$ となるのであったから

$$D \begin{pmatrix} g_1 \\ g_2 \end{pmatrix} = \begin{pmatrix} \lambda_1 & 0 \\ 0 & \lambda_2 \end{pmatrix} \begin{pmatrix} g_1 \\ g_2 \end{pmatrix} = \begin{pmatrix} \lambda_1 g_1 \\ \lambda_2 g_2 \end{pmatrix}$$

となる．したがってこの両辺の成分を比べて

$$\begin{cases} D(g_1) = \lambda_1 g_1 \\ D(g_2) = \lambda_2 g_2 \end{cases} \tag{2.19}$$

という二つの独立した微分方程式となり，それぞれの解が

$$\begin{cases} g_1 = C_1 e^{\lambda_1 x} \\ g_2 = C_2 e^{\lambda_2 x} \end{cases} \tag{2.20}$$

$(C_1, C_2 \in \mathbf{C})$ であることは前節で復習した．これらを (2.18) に代入すれば f_1, f_2 が

$$\begin{pmatrix} f_1 \\ f_2 \end{pmatrix} = P \begin{pmatrix} C_1 e^{\lambda_1 x} \\ C_2 e^{\lambda_2 x} \end{pmatrix}$$

というように求められるのである．

　では差分方程式の解法は上の微分方程式の解法のどこを変えればよいか．式 (2.19) までの議論は

「A の対角化」

と

「D の線型性」

のみに基づいていたから，Δ が線形であることを踏まえれば，微分方程式の場合の議論の「D」を「Δ」に変えるだけで全く同じ議論ができる．したがって

$$\begin{cases} \Delta(g_1) = \lambda_1 g_1 \\ \Delta(g_2) = \lambda_2 g_2 \end{cases} \tag{2.21}$$

という二つの独立した差分方程式となり，しかも前節の命題 2.20 よりそれぞれの解が

$$\begin{cases} g_1 = C_1 (\lambda_1 + 1)^x \\ g_2 = C_2 (\lambda_2 + 1)^x \end{cases} \tag{2.22}$$

$(C_1, C_2 \in \mathbf{C})$ であることはすでに知っている．したがって解 f_1, f_2 が

$$\begin{pmatrix} f_1 \\ f_2 \end{pmatrix} = P \begin{pmatrix} C_1 (\lambda_1 + 1)^x \\ C_2 (\lambda_2 + 1)^x \end{pmatrix}$$

というように求められるのである.

ここで得られた解法をまとめておこう:

命題 2.21

連立差分方程式

$$\begin{cases} \Delta(f_1) = af_1 + bf_2 \\ \Delta(f_2) = cf_1 + df_2 \end{cases} \tag{2.23}$$

をみたす離散関数 f_1, f_2 は以下のようにして求めることができる:

(1) 右辺の係数行列を $A = \begin{pmatrix} a & b \\ c & d \end{pmatrix}$ とおき,その固有値 λ_1, λ_2 と対応する固有ベクトル $\mathbf{v}_1, \mathbf{v}_2$ を求める.

(2) (1) で求めた固有ベクトルを並べた行列を $P = \begin{pmatrix} \mathbf{v}_1 & \mathbf{v}_2 \end{pmatrix}$ とおけば,差分方程式 (2.23) の一般解は

$$\begin{pmatrix} f_1 \\ f_2 \end{pmatrix} = P \begin{pmatrix} C_1(\lambda_1 + 1)^x \\ C_2(\lambda_2 + 1)^x \end{pmatrix}$$

で与えられる.

さらに連立差分方程式の初期値問題,すなわち $f_1(0), f_2(0)$ が具体的に与えられた場合の解法も微分方程式の場合と全く同様に次のようにして解くことができる:

命題 2.22

連立差分方程式

$$\begin{cases} \Delta(f_1) = af_1 + bf_2 \\ \Delta(f_2) = cf_1 + df_2 \end{cases}$$

の解であって,初期条件 $f_1(0) = p_1, f_2(0) = p_2$ をみたす離散関数 f_1, f_2 は以下のようにして求めることができる:

(1) 命題 2.21 のようにして一般解 f_1, f_2 を求める.

(2) その一般解に $x = 0$ を代入して初期条件をみたす定数 C_1, C_2 を決める.

この命題を早速具体的な問題に応用してみよう.

例 2.8　連立差分方程式

$$\begin{cases} \Delta(f_1) = f_1 + 4f_2 \\ \Delta(f_2) = f_1 - 2f_2 \end{cases} \tag{2.24}$$

の解であって初期条件 $f_1(0) = 2, f_2(0) = 3$ をみたす離散関数 f_1, f_2 を求めよ.

解　係数行列 $A = \begin{pmatrix} 1 & 4 \\ 1 & -2 \end{pmatrix}$ の固有値を求めると

$$\begin{aligned} \det(\lambda E - A) &= \begin{pmatrix} \lambda - 1 & -4 \\ -1 & \lambda + 2 \end{pmatrix} \\ &= (\lambda - 1)(\lambda + 2) - (-4) \cdot (-1) \\ &= \lambda^2 + \lambda - 6 \\ &= (\lambda - 2)(\lambda + 3) \\ &= 0 \end{aligned}$$

より，$\lambda = 2, -3$ である．対応する固有ベクトルは $\lambda = 2$ のときは

$$\begin{pmatrix} 2-1 & -4 \\ -1 & 2+2 \end{pmatrix} \begin{pmatrix} x \\ y \end{pmatrix} = \begin{pmatrix} 1 & -4 \\ -1 & 4 \end{pmatrix} \begin{pmatrix} x \\ y \end{pmatrix} = \begin{pmatrix} 0 \\ 0 \end{pmatrix}$$

を解いて

$$\begin{pmatrix} x \\ y \end{pmatrix} = \alpha \begin{pmatrix} 4 \\ 1 \end{pmatrix} \quad (\alpha \neq 0)$$

となるから $\mathbf{v}_1 = \begin{pmatrix} 4 \\ 1 \end{pmatrix}$ とおくことができ，$\lambda = -3$ のときは

$$\begin{pmatrix} -3-1 & -4 \\ -1 & -3+2 \end{pmatrix} \begin{pmatrix} x \\ y \end{pmatrix} = \begin{pmatrix} -4 & -4 \\ -1 & -1 \end{pmatrix} \begin{pmatrix} x \\ y \end{pmatrix} = \begin{pmatrix} 0 \\ 0 \end{pmatrix}$$

を解いて

$$\begin{pmatrix} x \\ y \end{pmatrix} = \beta \begin{pmatrix} -1 \\ 1 \end{pmatrix} \quad (\beta \neq 0)$$

となるから $\mathbf{v}_2 = \begin{pmatrix} -1 \\ 1 \end{pmatrix}$ とおくことができる．この $\mathbf{v}_1$ と $\mathbf{v}_2$ を並べた行

列が対角化の行列 P であり，

$$P = \begin{pmatrix} 4 & -1 \\ 1 & 1 \end{pmatrix}$$

となる．したがって連立差分方程式 (2.24) の一般解は命題 2.21 より

$$\begin{pmatrix} f_1 \\ f_2 \end{pmatrix} = \begin{pmatrix} 4 & -1 \\ 1 & 1 \end{pmatrix} \begin{pmatrix} C_1(2+1)^x \\ C_2(-3+1)^x \end{pmatrix}$$
$$= \begin{pmatrix} 4 & -1 \\ 1 & 1 \end{pmatrix} \begin{pmatrix} C_1 \cdot 3^x \\ C_2 \cdot (-2)^x \end{pmatrix}$$
$$= \begin{pmatrix} 4C_1 \cdot 3^x - C_2 \cdot (-2)^x \\ C_1 \cdot 3^x + C_2 \cdot (-2)^x \end{pmatrix}$$

で与えられる．さらにこれを利用して初期値問題を解くために，一般解の表示において $x = 0$ とおくと

$$\begin{pmatrix} f_1(0) \\ f_2(0) \end{pmatrix} = \begin{pmatrix} 2 \\ 3 \end{pmatrix} = \begin{pmatrix} 4C_1 - C_2 \\ C_1 + C_2 \end{pmatrix}$$

となる．したがって C_1, C_2 に関する連立方程式

$$\begin{cases} 4C_1 - C_2 = 2 \\ C_1 + C_2 = 3 \end{cases}$$

を解けば解 $C_1 = 1, C_2 = 2$ が得られるから，初期値問題の解は

$$\begin{pmatrix} f_1 \\ f_2 \end{pmatrix} = \begin{pmatrix} 4 \cdot 3^x - 2 \cdot (-2)^x \\ 3^x + 2 \cdot (-2)^x \end{pmatrix}$$

で与えられる．

注意． 差分の固有値問題 $\Delta(f) = af$ において，$a = -1$ のときは命題 2.20 によればその解は $f(x) = C \cdot 0^x$ で与えられる．ここで注意が必要なのは $x \in \mathbf{N}_0$ に対して，「0^x」が

$$0^x = \begin{cases} 1, & x = 0 \text{ のとき,} \\ 0, & x \neq 0 \text{ のとき} \end{cases} \tag{2.25}$$

と定義されているという点である．というのは，方程式 $\Delta(f) = -f$ は $f(x + 1) - f(x) = -f(x)$ という等式になり，これは任意の $x \in \mathbf{N}_0$ に対して $f(x+1) = 0$ が成り立つことを意味する．したがって $f(x)$ は $x = 0$ のとき以外はつねに値 0 をとり，$x = 0$ のときは任意の定数となる．また x が正の実数を動く変数とすると $\lim_{x \to +0} x^x = 1$ が成り立つことが知られており，したがって $0^0 = 1$ と定義しておくのは自然なことなのである．

この注意で述べたことを確認するために，固有値として -1 が現れる連立差分方程式の例を見てみよう：

例 **2.9**　連立差分方程式

$$\begin{cases} \Delta(f_1) = f_1 + 4f_2 \\ \Delta(f_2) = 2f_1 + 3f_2 \end{cases} \tag{2.26}$$

の解であって，初期条件 $f_1(0) = -3, f_2(0) = 3$ をみたす離散関数 f_1, f_2 を求めよ．

解　係数行列 $A = \begin{pmatrix} 1 & 4 \\ 2 & 3 \end{pmatrix}$ の固有値を求めると

$$\begin{aligned} \det(\lambda E - A) &= \begin{pmatrix} \lambda - 1 & -4 \\ -2 & \lambda - 3 \end{pmatrix} \\ &= \lambda^2 - 4\lambda - 5 \\ &= (\lambda - 5)(\lambda + 1) \\ &= 0 \end{aligned}$$

より，$\lambda = 5, -1$ である．対応する固有ベクトルは $\lambda = 5$ のときは

$$\begin{pmatrix} 4 & -4 \\ -2 & 2 \end{pmatrix} \begin{pmatrix} x \\ y \end{pmatrix} = \begin{pmatrix} 0 \\ 0 \end{pmatrix}$$

を解いて

$$\begin{pmatrix} x \\ y \end{pmatrix} = \alpha \begin{pmatrix} 1 \\ 1 \end{pmatrix} \quad (\alpha \neq 0)$$

となるから $\mathbf{v}_1 = \begin{pmatrix} 1 \\ 1 \end{pmatrix}$ とおくことができる．一方 $\lambda = -1$ のときは

$$\begin{pmatrix} -2 & -4 \\ -2 & -4 \end{pmatrix} \begin{pmatrix} x \\ y \end{pmatrix} = \begin{pmatrix} 0 \\ 0 \end{pmatrix}$$

を解いて

$$\begin{pmatrix} x \\ y \end{pmatrix} = \beta \begin{pmatrix} -2 \\ 1 \end{pmatrix} \quad (\beta \neq 0)$$

となるから $\mathbf{v}_2 = \begin{pmatrix} -2 \\ 1 \end{pmatrix}$ とおくことができる．したがって対角化の行

列は

$$P = \begin{pmatrix} 1 & -2 \\ 1 & 1 \end{pmatrix}$$

となり，連立差分方程式 (2.26) の一般解は

$$\begin{pmatrix} f_1 \\ f_2 \end{pmatrix} = \begin{pmatrix} 1 & -2 \\ 1 & 1 \end{pmatrix} \begin{pmatrix} C_1(5+1)^x \\ C_2(-1+1)^x \end{pmatrix}$$

$$= \begin{pmatrix} C_1 \cdot 6^x - 2C_2 \cdot 0^x \\ C_1 \cdot 6^x + C_2 \cdot 0^x \end{pmatrix}$$

で与えられる．さらにこれを利用して初期値問題を解くために，一般解の表示において $x = 0$ とおくと

$$\begin{pmatrix} f_1(0) \\ f_2(0) \end{pmatrix} = \begin{pmatrix} -3 \\ 3 \end{pmatrix} = \begin{pmatrix} C_1 - 2C_2 \\ C_1 + C_2 \end{pmatrix}$$

となる．したがって C_1, C_2 に関する連立方程式

$$\begin{cases} C_1 - 2C_2 = -3 \\ C_1 + C_2 = 3 \end{cases}$$

を解けば解 $C_1 = 1, C_2 = 2$ が得られるから，初期値問題の解は

$$\begin{pmatrix} f_1 \\ f_2 \end{pmatrix} = \begin{pmatrix} 6^x - 4 \cdot 0^x \\ 6^x + 2 \cdot 0^x \end{pmatrix} \tag{2.27}$$

で与えられる．

　ここで，例 2.9 の初期値問題の解が，確かに与えられた差分方程式の解になっているかどうかを，定義に基づいて検算してみよう．そうする理由は例 2.8 と違って「0^x」が現れており，その性質を確認するためでもある．

　まず f_1 の差分は (2.27) より

$$\begin{aligned} \Delta(f_1) &= \Delta(6^x - 4 \cdot 0^x) \\ &= \Delta(6^x) - 4 \cdot \Delta(0^x) \\ &= (6^{x+1} - 6^x) - 4 \cdot (0^{x+1} - 0^x) \\ &= 5 \cdot 6^x + 4 \cdot 0^x \end{aligned} \tag{2.28}$$

この最後のステップでは

$$\text{「関数として } 0^{x+1} \text{ は } 0 \text{ に等しい」}$$

という事実を使った．これは，任意の $x \in \mathbf{N}_0$ に対しては $x + 1 \geq 1$ が成り立ち，定義式 (2.25) より 0^{x+1} は常に 0 になるからである．一方 (2.26) の第一式

の右辺に (2.27) で与えられる解を代入すると

$$f_1 + 4f_2 = (6^x - 4 \cdot 0^x) + 4(6^x + 2 \cdot 0^x)$$
$$= 5 \cdot 6^x + 4 \cdot 0^x$$

となって，確かに (2.28) の最後の式と一致する．

　もう一つの f_2 の差分は (2.27) より

$$\Delta(f_2) = \Delta(6^x + 2 \cdot 0^x)$$
$$= \Delta(6^x) + 2 \cdot \Delta(0^x)$$
$$= (6^{x+1} - 6^x) + 2 \cdot (0^{x+1} - 0^x)$$
$$= 5 \cdot 6^x - 2 \cdot 0^x \tag{2.29}$$

であり，(2.26) の第二式の右辺に (2.27) で与えられる解を代入すると

$$2f_1 + 3f_2 = 2(6^x - 4 \cdot 0^x) + 3(6^x + 2 \cdot 0^x)$$
$$= 5 \cdot 6^x - 2 \cdot 0^x$$

となって，確かに (2.29) の最後の式と一致する．さらに初期値についても

$$f_1(0) = 6^0 - 4 \cdot 0^0$$
$$= 1 - 4 \cdot 1$$
$$= -3$$
$$f_2(0) = 6^0 + 2 \cdot 0^0$$
$$= 1 + 2 \cdot 1$$
$$= 3$$

となって，与えられた条件をみたしていることが確かめられた．

────── ● **第 2 章　練習問題** ● ──────

1. 定義 2.2 で定義された $x^{\underline{n}}$ について $\Delta(x^{\underline{n}}) = nx^{\underline{n-1}}$ が成り立つことを証明せよ.

2. 差分は線形性を持つことを証明せよ. すなわち次の (1), (2) が成り立つことを証明せよ.

(1) 2 つの離散関数 f, g に対して $\Delta(f + g) = \Delta(f) + \Delta(g)$.

(2) 離散関数 f と定数 $c \in \mathbf{C}$ に対して $\Delta(cf) = c\Delta(f)$.

3. $\displaystyle\sum_{x=3}^{n} x(x-1)(x-2)$ を求めよ.

4. 4 乗の和 $\displaystyle\sum_{x=1}^{n} x^4$ の公式を有限階差法を用いて作れ.

5. $\dfrac{1}{1 \cdot 2 \cdot 3 \cdot 4} + \dfrac{1}{2 \cdot 3 \cdot 4 \cdot 5} + \cdots + \dfrac{1}{(n-3)(n-2)(n-1)n}$ を求めよ.

6. 連立差分方程式

$$\begin{cases} \Delta(f_1) = -f_1 + 4f_2 \\ \Delta(f_2) = -2f_1 + 5f_2 \end{cases} \tag{2.30}$$

の解であって初期条件 $f_1(0) = 1, f_2(0) = 0$ をみたす離散関数 f_1, f_2 を求めよ.

7. 連立差分方程式

$$\begin{cases} \Delta(f_1) = 5f_1 - 6f_2 \\ \Delta(f_2) = 3f_1 - 4f_2 \end{cases} \tag{2.31}$$

の解であって初期条件 $f_1(0) = 4, f_2(0) = 3$ をみたす離散関数 f_1, f_2 を求めよ.

3 リズムの数学

「ノリ」のよいリズムとは何か，そして誰にでもノリのよいリズムを作れない
か，という題材をテーマとして解説していくのがこの章の目標である．

3.1 アフリカの伝統的なリズム

アフリカには昔から知られていて，しかも名前まで付いている 6 個のリズ
ムがある．それぞれ「Shiko（シコ）」，「Son（ソン）」，「Rumba（ルンバ）」，
「Soukous（スークース）」，「Gahu（ガフ）」，「Bossanova（ボサノバ）」といい，
「棒グラフ」で表すと次のようになる：

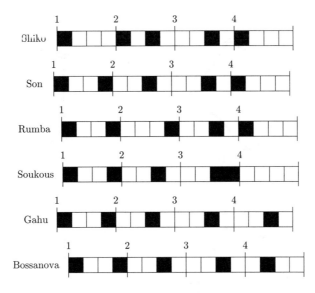

図 3.1 アフリカのリズムの棒グラフ

ここの棒グラフは，それぞれが 16 個の小正方形から作られており，全体が四分
の四拍子の 1 小節分を表している．そして上に書いてある数字が「1，2，3，4」
という四拍を示している．したがって小正方形 1 つ分が十六分音符に対応し，
黒塗りの小正方形のところで音を出す．（白塗りは休みである．）参考のために
一つ目のリズム「Shiko」を普通の五線譜で表すと

図 3.2 「Shiko」の譜面

というようになっている．

　さらにリズムを何回も繰り返すことを考えると，この棒グラフの右端と左端をくっつけて次のような「円グラフ」にした方がもっとリズムの特徴が現れることになる：

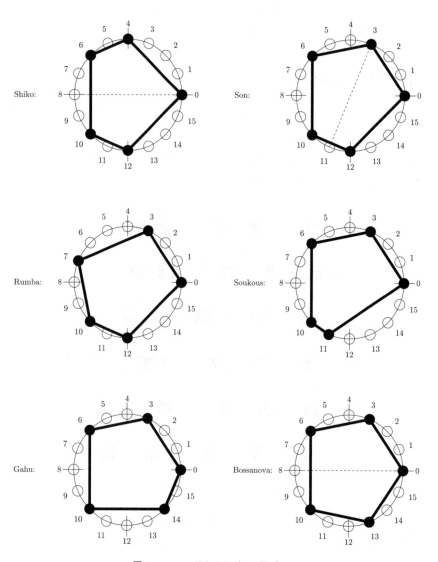

図 3.3　アフリカのリズムの円グラフ

　0 のところから反時計回りに 1，2，…，15 まで行けば 1 小節分で，また元に戻って何回も好きなだけ繰り返すことができる．そして黒丸のところは手を叩いたり，机や太鼓を叩いて音を出し，白丸のところは叩かない，というルールである．

　この円グラフがリズムの数学において大事な役目を果たすことになる．

3.2 円距離

この円グラフを使ってリズムのノリの良さを測る方法が2つある．その1つが本節で述べる「円距離」を用いるものである．

アフリカの例のリズムは，16拍のうちから5回音を出すところを選んで作られていた．これを

「16ビート5音のリズム」

と呼ぶ．そして今後音を出すところの番号だけ取り出してリズムを表すことにする．例えば前節の「Bossanova」の円グラフは

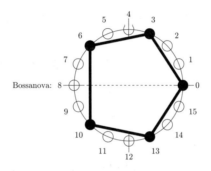

図 3.4　**Bossanova** $(0, 3, 6, 10, 13)$

であったが，その黒い点の番号だけを取り出して

$$(0, 3, 6, 10, 13)$$

と表す．

では「8ビート4音」のリズムの場合はどうなるだろうか．今までの16ビートは4拍子で1小節分だったが，8ビートは2拍子で1小節分に当たる．例えば8ビート4音のリズム $(0, 3, 4, 6)$ の円グラフは次のようになる：

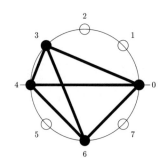

図 3.5   8 ビート 4 音リズム $(0, 3, 4, 6)$

一般に

「$\mathbf{Z}_N = \{0, 1, 2, \cdots, N-1\}$ の k 個の元からなる部分集合」

を「N ビート k 音のリズム」と定義する．そしてその全体を $\mathbf{R}_N^k$ と表す．

次にリズムの円距離和の定義に必要な「円距離」というものを次のように定める：

定義 3.1

自然数 N に対し「$a, b \in \mathbf{Z}_N$ の円距離 $cd_N(a, b)$」とは：

$$cd_N(a, b) = \min(a -_N b, b -_N a)$$

で定義される．

注意．「cd」は「円距離（<u>c</u>ircular <u>d</u>istance）」の頭文字を取った名前である．

注意．ここで「$a -_N b$」という記号は「$\mathbf{Z}_N$ での引き算」を意味している．すなわち「普通の引き算 $a - b$ を N で割った余り」というのが正式な定義である．ただし a, b が $\mathbf{Z}_N$ の元の場合は

$$a -_N b = \begin{cases} a - b, & a \geq b \text{ のとき} \\ a - b + n, & a < b \text{ のとき} \end{cases}$$

というように簡単に計算できる．

例えば

$$cd_8(0, 6) = 2$$

である．なぜなら

$$
\begin{aligned}
cd_8(0,6) &= \min(0 -_b 6, 6 -_8 0) \\
&= \min(0 - 6 + 8, 6 - 0) \\
&= \min(2,6) \\
&= 2
\end{aligned}
$$

となるからである．この計算を図 3.5 を見ながら振り返ってみよう．この図で単位円に沿って小さな丸を踏み石と思って歩いていくと，0 から 6 へは，左回りだと 6 歩，右回りだと 2 歩で行ける．この「6」と「2」の小さい方の「2」が「0 と 6 の円距離」なのである．

3.3 円距離和

本節では円距離を基本にして「円距離和」を定義する．まず 般的な定義を述べてそのあと具体例を示そう：

定義 3.2
N ビート k 音のリズム $R = (a_1, a_2, \cdots, a_k) \in \mathbf{R}_N^k$ に対し，その円距離和 $cds_N(R)$ を

$$
cds_N(R) = \sum_{1 \leq i < j \leq k} cd_N(a_i, a_j)
$$

と定義する．

注意．「cds」は「円距離和（<u>c</u>ircular <u>d</u>istance <u>s</u>um)」の頭文字を並べたものである．

例 3.1   8 ビート 4 音リズム $R_1 = (0, 3, 4, 6) \in \mathbf{R}_8^4$ の円距離和．
図 3.5 の太線で示したように，4 つの頂点「0,3,4,6」が外側の四角形を作り，さらに 2 本の対角線「04，36」も加えれば，全部で 6 つの頂点のペアが

できる. この 6 つのペアのそれぞれについて円距離を計算すると

$$cd_8(0,3) = \min(0 -_8 3, 3 -_8 0) = \min(5,3) = 3$$
$$cd_8(0,4) = \min(0 -_8 4, 4 -_8 0) = \min(4,4) = 4$$
$$cd_8(0,6) = \min(0 -_8 6, 6 -_8 0) = \min(2,6) = 2$$
$$cd_8(3,4) = \min(3 -_8 4, 4 -_8 3) = \min(7,1) = 1$$
$$cd_8(3,6) = \min(3 -_8 6, 6 -_8 3) = \min(5,3) = 3$$
$$cd_8(4,6) = \min(4 -_8 6, 6 -_8 4) = \min(6,2) = 2$$

というようになる. したがって円距離和 $cds_8(R_1)$ は, これら 6 つの値を全部足して

$$cds_8(R_1) = 3 + 4 + 2 + 1 + 3 + 2 = 15$$

となる.

例 **3.2**　8 ビート 4 音リズム $R_2 = (0,2,4,6)$ の円距離和.
定義 3.2 より

$$cds_8(R_2) = cd_8(0,2) + cd_8(0,4) + cd_8(0,6)$$
$$+cd_8(2,4) + cd_8(2,6)$$
$$+cd_8(4,6)$$
$$= 2 + 4 + 2 + 2 + 4 + 2$$
$$= 16$$

である.

　先ほどのリズム $R_1 = (0,3,4,6)$ の円距離和が 15 だったのに比べ, $R_2 = (0,2,4,6)$ の方が 1 だけ多くなっているが, このことは R_1 と R_2 とを叩き比べてみると R_2 の方が一様だ, ということと関連がある. 一方で極端に密集した 8 ビート 4 音リズム $R_3 = (0,1,2,3)$ の円距離和は

$$cds_8(R_3) = cd_8(0,1) + cd_8(0,2) + cd_8(0,3)$$
$$+cd_8(1,2) + cd_8(1,3)$$
$$+cd_8(2,3)$$
$$= 1 + 2 + 3 + 1 + 2 + 1$$
$$= 10$$

にしかならず, R_1, R_2 と比べて異常に小さいことがわかる. これも R_3 を

叩いてみると，そもそも叩きにくいし，いいリズムとも思えない，というこ
とを象徴している．

3.4　8ビート4音リズムの円距離和

前節でリズム $R_2 = (0, 2, 4, 6)$ の円距離和が 16 でかなり大きいということを
観察したが，実は 8 ビート 4 音のリズム（全部で $_8C_4 = 70$ 通りある）のうちの
円距離和の最大値も 16 である．そして円距離和が 16 になるものが 6 つあり，
それを円グラフで図示したのが以下の図である：

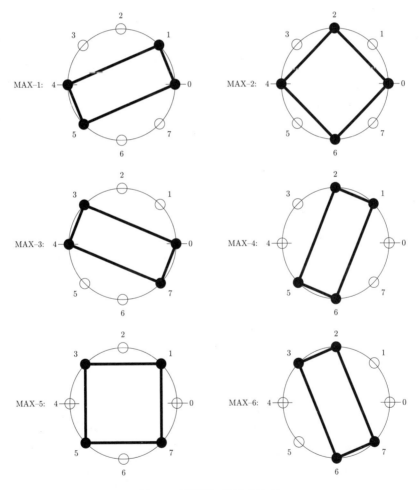

図 3.6　円距離和が最大のリズム

それぞれのリズムに名前をつけて「MAX-1, ⋯, MAX-6」とした．例 3.2 の
R_2 は MAX-2 に当たることになる．これを見ると二つのグループ

(M.I): MAX-1, MAX-3, MAX-4, MAX-6

(M.II): MAX-2, MAX-5

に分けられることがわかる. このグループ分けは

「回転して重なり合うリズムは同じグループに入れる」

というルールで行った. このルールは, 例えば MAX-3 が繰り返して鳴っている部屋に途中から入っていっても, MAX-1 が繰り返して鳴っている別の部屋に途中から入っていっても, どちらが鳴らされているかを区別することはできない, という事実に基づいている. つまり (M.I) のグループのリズムはある意味で「同じ」, (M.II) のグループのリズムも「同じ」と考えるのが自然だ, ということになる. そうすると円距離和が最大 16 になるリズムは, この 2 グループすなわち 2 通りしかない, と言っていい.

一方, 逆に 8 ビート 4 音のリズムの中で円距離和の最小値は「10」である. これは前節のリズム R_3 が取る値である. しかも 70 通りの 8 ビート 4 音のリズムのうちで円距離和が 10 になるものは 8 つあって, どの円グラフも R_3 を回転したものになっており, やはり円距離和が最小値 10 を取るのは R_3 だけだ, と言っていい.

3.5　円距離和の限界

3.1 節で紹介したアフリカのリズムの円距離和を計算すると, 実はどれも 48 になっていて, しかも 16 ビート 5 音のリズム全体で見ても円距離和が最大となっていることもわかる. ところが残念なことに, 円距離和が 48 になるものは他にもたくさんあり, $0 \in \mathbf{Z}_{16}$ を含むものに限ったとしても全部で 315 個にのぼる. 例えば (R-1) = $(0, 1, 2, 8, 9)$ も (R-2) = $(0, 1, 2, 8, 10)$ のどちらも円距離和は 48 であり, その円グラフは次のようになっている:

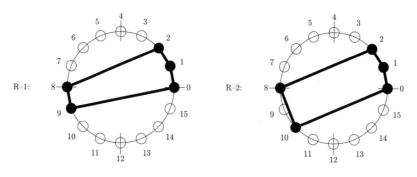

図 3.7　円距離和が 48 のリズムの例

しかも叩いてみてもあまりノリのよいリズムではない．したがって

「円距離和だけではノリのよいリズムを抽出できない」

というのが残念な結論である．

　この状況を打開してくれるのが「線距離和」というものであり，これを導入すると，見事にノリの良さが解明できる．

3.6　円距離和から線距離和へ

　「線距離和」の計算を，まず 8 ビート 4 音のリズムを例に取って見ていこう．次の 2 つの図は 3.4 節の (MAX-1) と (MAX-2) の円グラフで，それぞれ $(0, 1, 4, 5)$ と $(0, 2, 4, 6)$ というリズムを表していた：

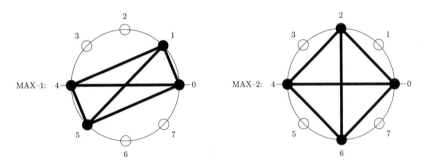

図 3.8　(MAX-1) と (MAX-2) の円グラフ

図のようにリズムの黒丸が四角形を作り，さらにその 2 本の対角線とで全部で 6 本の太い線がある．この 6 本の線の長さを測って全部足したもの，それが「線距離和」なのである．ただし円の半径は 1 とする．

　まず (MAX-2) のほうから計算して見ると，2 本の対角線「04」と「26」の長さは，円の直径なのでどちらも 2 であり，しかもこの四角形は正方形だから一辺の長さはどれも $\sqrt{2}$ であって

$$02 = 24 = 46 = 60 = \sqrt{2}$$

となる．これら 6 本すべての長さを全部足した

$$
\begin{aligned}
02 + 24 + 46 + 60 + 04 + 26 &= 4\sqrt{2} + 2 \cdot 2 \\
&= 4\sqrt{2} + 4 \\
&= 9.656 \qquad (\Leftarrow \sqrt{2} = 1.414 \text{ とした})
\end{aligned}
$$

という値が（MAX-2）の線距離和となる．そしてリズムの線距離和を表すのに
「lds_N」（linear distance sum）という記号を使うと

$$lds_8(\text{MAX-2}) = lds_8(0,2,4,6) = 4 + 4\sqrt{2} = 9.656$$

と表される．

　一方（MAX-1）の線距離和については，余弦定理により

$$01 = 45 = \sqrt{1^2 + 1^2 - 2 \cdot \cos\frac{\pi}{4}}$$
$$= \sqrt{2 - \sqrt{2}}$$
$$= 0.765,$$
$$14 = 50 = \sqrt{1^2 + 1^2 - 2 \cdot \cos\frac{3\pi}{4}}$$
$$= \sqrt{2 + \sqrt{2}}$$
$$= 1.848$$

となるから，

$$lds_8(\text{MAX-1}) = lds_8(0,1,4,5) = 2 \cdot 0.765 + 2 \cdot 1.848 + 2 \cdot 2$$
$$= 9.226$$

になる．したがって「MAX-2」のほうが「MAX-1」より線距離和が大きく，リ
ズムとして「MAX-2」のほうが「MAX-1」よりも平滑である，ということを反
映してくれるのである．

　ここで「線距離和」の正式の定義を述べておこう．まず $\mathbf{Z}_N$ の元 a について，
その円グラフ上の点の座標を $c_N(a)$ と書くことにする．すなわち

$$c_N(a) = \left(\cos\frac{2\pi a}{N}, \sin\frac{2\pi a}{N} \right)$$

とする．次に $a, b \in \mathbf{Z}_N$ に対してその「線距離 $ld_N(a,b)$」を

$$ld_N(a,b) = d(c_N(a), c_N(b)) \tag{3.1}$$

で定義する．ここに「$d(\cdot,\cdot)$」は xy-平面上の普通の距離を表す．そしてこれら
を用いて「線距離和」が次のように定義される：

定義 3.3

N ビート k 音のリズム $R = (a_1, a_2, \cdots, a_k) \in \mathbf{R}_N^k$ に対してその「線距離和 $lds_N(R)$」を

$$lds_N(R) = \sum_{1 \le i < j \le k} ld_N(a_i, a_j) \qquad (3.2)$$

で定義する.

3.7 Bossanova の凄さ

では 16 ビート 5 音のいろいろなリズムの線距離和を見ていこう. 3.5 節で, アフリカの例のリズムも, あまりノリがよいとは言えない (R-1), (R-2) も円距離和が 48 で区別できない, ということを知った. ではそれぞれの線距離和のほうはどうだろうか. 計算してみると

$$lds_{16}(Bossanova) = lds_{16}(0, 3, 6, 10, 13) = 15.325$$
$$lds_{16}(\text{R-1}) = lds_{16}(0, 1, 2, 8, 9) = 13.668$$
$$lds_{16}(\text{R-2}) = lds_{16}(0, 1, 2, 8, 10) = 13.930$$

となって, Bossanova の線距離和は (R-1), (R-2) よりはるかに大きい. また, 実際に叩いてみると (R-2) は (R-1) に比べて若干安心感を感じるが, 実際に線距離和が (R-2) のほうが大きくなっていて, その感覚を数値で裏付けてくれている.

実は 16 ビート 5 音のリズムすべてについて線距離和を計算し, その値の大きいものから並べてみると

表 3.1 アフリカのリズムの線距離和

順位	線距離和	アフリカのリズム
1 位	15.325	Bossanova
2 位	15.282	Son
3 位	15.211	Rumba
4 位	15.164	Shiko
5 位	15.136	Gahu

というように, 第 1 位から第 5 位にアフリカの「Soukous」以外のすべてのリズ

ムが入っている. 残念ながら「Soukous」の線距離和は 15.010 で第 10 位だった. ただ, もう一つ驚くべきことは, 第 1 位には同点で他に

$$(0, 3, 6, 9, 12),$$
$$(0, 3, 6, 9, 13),$$
$$(0, 3, 7, 10, 13),$$
$$(0, 4, 7, 10, 13)$$

という 4 つのリズムが入っているのだが, これらはすべて「Bossanova」($= (0, 3, 6, 10, 13)$) を回転したものになっている. 例えば一つ目の $(0, 3, 6, 9, 12)$ は, Bossanova に「6 を足し」て, 「左に 3 つずらし」たものになっている. 実際

$$(0, 3, 6, 10, 13) \to (6, 9, 12, 0, 3) \ (\Leftarrow 各座標に \bmod 16 で 6 を足した)$$
$$\to (0, 3, 6, 9, 12) \ (\Leftarrow 座標を左に 3 つ動かした)$$

残りの三つのリズムについても, それぞれ「Bossanova」に 3, 13, 10 を mod 16 で足して, いくつか左にずらすと得られることがわかる. さらに第 2 位から第 5 位も同様で, そこに入っている他のリズムはどれもアフリカのリズムを回転したものになっていることにも驚かされる.

注意. ここで述べたように「どのようなリズムを同じとみなすか」, という観点はリズムの数学的研究にとって本質的な問題である. 後の 3.9 節で, 改めて詳しく解説する.

3.8 巡回多角形と平均変換

ここまではリズムを円グラフで表して, その円距離和, 線距離和が「ノリ」の良さの尺度になる, ということを見てきた. そしてアフリカのいくつかのリズムのノリの良さがその尺度によっても確認できた. しかし私たちが自分でノリのよいリズムを作り出す方法はないものだろうか. 本節以降で, そのための一つの方法を解説していきたい. まず導入としてその方法の「連続版」に当たるものの考察から始めよう.

そして今まで xy-平面で考えてきた対象を複素平面で考える. その方が記述が簡潔になるとともに, 統一的な考察ができるからである.

3.8.1 平均変換の定義

複素平面で原点 O を中心とする単位円 C に内接する多角形を, 以下では「巡回多角形 (cyclic polygon)」と呼ぶことにし, 巡回 n 角形の全体を CP_n と表す. ただし今後はその頂点の並ぶ順序も関わってくるので, 「順序のついた点

列」という意味で「(A, B, C)」というように表す．次の定義の「平均変換」が本節の中心的な役割を果たす：

定義 3.4

巡回 n 角形 $\mathbf{P} = (P_0, P_1, \cdots, P_{n-1})$ が与えられたとき，隣り合う頂点の成す中心角 $\angle P_i O P_{i+1}$ の二等分線と単位円の交点を Q_i $(0 \leq i \leq n-1)$ とする．ただし P_n は P_0 を指すものとする．こうして作られる巡回 n 角形 $\mathbf{Q} = (Q_0, Q_1, \cdots, Q_{n-1})$ を $\mathbf{P}$ の平均変換（*average transformation*）と呼び，$\mathbf{Q} = av(\mathbf{P})$ と表す．

今後，単位円 C 上の点を指定するのに，その偏角を用いて表す：

定義 3.5

単位円 C 上にあって偏角が θ の点を「$cp(\theta)$」と表す．

一例として，虚数単位「i」は単位円 C 上にあって偏角が $\dfrac{\pi}{2}$ の点なので「$cp\left(\dfrac{\pi}{2}\right)$」と表されることになる．以下この記号を用いて「平均変換」の例を見てみよう．

例えば下の図は

$$P_0 = cp(0), \quad P_1 = cp\left(\frac{\pi}{6}\right), \quad P_2 = cp\left(\frac{5\pi}{6}\right), \quad P_3 = cp\left(\frac{3\pi}{2}\right),$$

としたときの四角形 $\mathbf{P} = (P_0, P_1, P_2, P_3)$ と，その平均変換 $\mathbf{Q} = (Q_0, Q_1, Q_2, Q_3)$ を描いたものである．

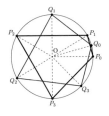

図 3.9　平均変換の例

この図から

　　　「平均変換を行うと密集していた頂点の位置が分散される」

ことが想像される．また元の 4 角形が正方形のときは

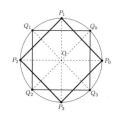

図 3.10　正方形の平均変換

のようになり，平均変換しても正方形になって（場所は動くが）形は変わらない．したがってこれらの例から

　　　「巡回 n 角形に何度も平均変換を行うと次第に正 n 角形に近づく」

のではないか，と想像される．このことが実際に成り立つことを示すのが本節の目標なのである．

　ここで最初の例の四角形 $\mathbf{P} = (P_0, P_1, P_2, P_3)$ の隣り合う頂点の成す中心角を $\theta_i = \angle P_i O P_{i+1}$ $(0 \leq i \leq 3)$ とおくと

$$\theta_0 = \frac{\pi}{6}, \ \ \theta_1 = \frac{2\pi}{3}, \ \ \theta_2 = \frac{2\pi}{3}, \ \ \theta_3 = \frac{\pi}{2}$$

となっており，全部加えるともちろん

$$\sum_{i=0}^{3} \theta_i = 2\pi$$

となる．平均変換したあとの四角形 $\mathbf{Q}$ についても，その中心角を $\theta_i' = \angle Q_i O Q_{i+1}$ $(0 \leq i \leq 3)$ とおくと

$$\theta_0' = \frac{5\pi}{12}, \ \ \theta_1' = \frac{2\pi}{3}, \ \ \theta_2' = \frac{7\pi}{12}, \ \ \theta_3' = \frac{\pi}{3}$$

であり，全部加えるとやはり

$$\sum_{i=0}^{3} \theta_i' = 2\pi$$

となる．

　ここで平均変換の定義によって

$$\angle Q_0 O P_1 = \frac{1}{2} \angle P_0 O P_1,$$

$$\angle P_1 O Q_1 = \frac{1}{2} \angle P_1 O P_2$$

であるから辺々加えて

$$\angle Q_0OQ_1 = \frac{1}{2}\angle P_0OP_1 + \frac{1}{2}\angle P_1OP_2$$

となり，したがって

$$\theta'_0 = \frac{1}{2}(\theta_0 + \theta_1)$$

が成り立つ．他の角についても同様に

$$\theta'_i = \frac{1}{2}(\theta_i + \theta_{i+1}) \quad (0 \le i \le 3) \tag{3.3}$$

という等式が成り立っている．したがって元の四角形の中心角がわかっていれば，平均変換したあとの四角形の中心角が式 (3.3) のように簡単に計算できる．これは四角形に限らず一般の巡回 n 角形でも同様に成り立ち，次のように定式化される：

命題 3.6

巡回 n 角形 $\mathbf{P} = (P_0, P_1, \cdots, P_{n-1})$ に対して，その平均変換として得られる巡回 n 角形を $av(\mathbf{P}) = \mathbf{Q} = (Q_0, Q_1, \cdots, Q_{n-1})$ とする．そしてそれぞれの中心角を

$$\angle P_iOP_{i+1} = \theta_i \quad (0 \le i \le n-1)$$
$$\angle Q_iOQ_{i+1} = \theta'_i \quad (0 \le i \le n-1)$$

とおくと

$$\theta'_i = \frac{1}{2}(\theta_i + \theta_{i+1}) \quad (0 \le i \le n-1)$$

という等式が成り立つ．

上の図 3.10 でも見たように正方形の平均変換は，場所は変わるもののやはり正方形になるのであった．したがって平均変換の性質を考える上では単位円上のどこにあるか，ということよりも中心角の分布がどうなっているか，ということに着目するほうが本質をとらえていることになる．次節ではその観点から平均変換を調べていこう．

3.8.2　巡回多角形に関する諸定義

本項では，前節で導入した平均変換の性質を調べていくが，その際，巡回多角形というものを正確に定義して議論することが必要になってくる．そこから

始めよう：

定義 3.7

単位円 C 上の n 個の相異なる点 $P_0, P_1, \cdots, P_{n-1}$ が，条件

$$\angle P_0 O P_1 + \angle P_1 O P_2 + \cdots + \angle P_{n-1} O P_0 = 2\pi \qquad (3.4)$$

をみたすとき $\mathbf{P} = (P_0, P_1, \cdots, P_{n-1})$ を「巡回 n 角形」と呼ぶ．そして巡回 n 角形の全体の集合を CP_n と表す．

注意．式 (3.4) に出てくる角度，例えば「$\angle P_0 O P_1$」は「P_0 から P_1 へ原点を中心に左回りにはかった角度」を意味するものとする．

次に「どういう巡回多角形を同じものとみなすか」ということを決めておくことも重要である．例えば，平面上の三角形 ABC があったとき，それは三角形 BCA，三角形 CAB と呼んでも，ものとしては同じである．これを踏まえれば，巡回多角形についてもその頂点を「巡回的に」呼び換えても同じものと見るのが自然であろう．ここを正確に定義しておく：

定義 3.8

巡回 n 角形 $\mathbf{P} = (P_0, P_1, \cdots, P_{n-1})$ に対し，その頂点の並びを左に一つずらした巡回 n 角形 $\mathbf{P} = (P_1, P_2, \cdots, P_{n-1}, P_0)$ を $L(\mathbf{P})$ と書く．したがって二つずらした $(P_2, P_3, \cdots, P_{n-1}, P_0, P_1)$ は $L^2(\mathbf{P})$ と書き，一般に i 個ずらしたものは $L^i(\mathbf{P})$ と書く．そして 2 つの巡回 n 角形 $\mathbf{P}, \mathbf{Q}$ に対して $L^i(\mathbf{P}) = \mathbf{Q}$ となるような i $(0 \leq i \leq n-1)$ が存在するとき「$\mathbf{P}$ と $\mathbf{Q}$ は同値である」といい，記号で

$$\mathbf{P} \sim \mathbf{Q}$$

と書く．

次に巡回多角形はその中心角を指定すればその形状が決まるという観点からいくつかの用語を導入する：

定義 3.9

(1) 3 以上の自然数 n に対して

$$\mathbf{A}_n = \{ \begin{pmatrix} \theta_0 \\ \vdots \\ \theta_{n-1} \end{pmatrix} \in \mathbf{R}_{>0}^n; \sum_{i=0}^{n-1} \theta_i = 2\pi \}$$

と定義する．ただし $\mathbf{R}_{>0}$ は正の実数全体の集合を表す．

(2) 巡回 n 角形 $\mathbf{P} = (P_0, P_1, \cdots, P_{n-1})$ の隣り合う頂点の成す中心角を $\theta_i = \angle P_i O P_{i+1}$ $(0 \le i \le n-1)$ とするとき，写像 $ang : \mathrm{CP}_n \to \mathbf{A}_n$ を

$$ang(\mathbf{P}) = \begin{pmatrix} \theta_0 \\ \vdots \\ \theta_{n-1} \end{pmatrix} \in \mathbf{A}_n \tag{3.5}$$

で定義する．

(3) $\mathbf{R}^n$ のベクトルの成分を一つずつ上にずらす写像を $u : \mathbf{R}^n \to \mathbf{R}^n$ とおく．すなわち

$$u \begin{pmatrix} x_1 \\ x_2 \\ \vdots \\ x_{n-1} \\ x_n \end{pmatrix} = \begin{pmatrix} x_2 \\ x_3 \\ \vdots \\ x_n \\ x_1 \end{pmatrix}$$

とおく，そして $\mathbf{v}, \mathbf{w} \in \mathbf{A}_n$ に対して $u^i(\mathbf{v}) = \mathbf{w}$ となるような i $(0 \le i \le n-1)$ が存在するとき「$\mathbf{v}$ と $\mathbf{w}$ は同値である」といい，記号で

$$\mathbf{v} \approx \mathbf{w}$$

と書く．

次に前節の平均変換 $av : \mathrm{CP}_n \to \mathrm{CP}_n$ と，写像 ang の関係を見るために次の行列を導入する：

定義 3.10

3 以上の自然数 n に対して n 次正方行列 M_n を

$$
M_n = \frac{1}{2}
\begin{pmatrix}
1 & 1 & 0 & 0 & \cdots & 0 & 0 \\
0 & 1 & 1 & 0 & \cdots & 0 & 0 \\
0 & 0 & 1 & 1 & \cdots & 0 & 0 \\
\vdots & \vdots & \vdots & \ddots & \ddots & \vdots & \vdots \\
0 & 0 & 0 & 0 & \cdots & 1 & 1 \\
1 & 0 & 0 & 0 & \cdots & 0 & 1
\end{pmatrix}
$$

で定義する.

この行列を用いると命題 3.6 の内容を

$$
M_n(\Theta) = \Theta' \tag{3.6}
$$

というように簡潔に表すことができる. ただし Θ, Θ' は

$$
\Theta =
\begin{pmatrix}
\theta_0 \\
\vdots \\
\theta_{n-1}
\end{pmatrix}, \quad
\Theta' =
\begin{pmatrix}
\theta'_0 \\
\vdots \\
\theta'_{n-1}
\end{pmatrix}
$$

と定義されるベクトルである. したがって式 (3.5) と (3.6) から次の命題が得られる :

命題 3.11

3 以上の自然数と任意の $\mathbf{P} \in \mathrm{CP}_n$ に対して

$$
ang(av(\mathbf{P}))) = M_n(ang(\mathbf{P}))
$$

という等式が成り立つ. すなわち写像として

$$
ang \circ av = M_n \circ ang \tag{3.7}
$$

という等式が成り立つ.

この命題の式 (3.7) は, 次の図式が可換である, と表現することができる :

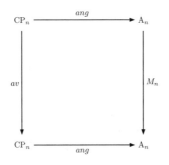

図 3.11 *ang* の可換図式

このことによって，平均変換 $av : \mathrm{CP}_n \to \mathrm{CP}_n$ という幾何的な操作が，行列 M_n が定義する線形写像 $M_n : \mathbf{A}_n \to \mathbf{A}_n$ という代数的な操作によって表現され，たとえば「av を何回も繰り返すとどうなるか」という問題が「M_n^k の極限はどのような行列か」という線形代数の問題に翻訳されるのである．

さらに興味深いことに次の命題も成り立つ．ここで $R_\alpha : \mathbf{C} \to \mathbf{C}$（$0 \le \alpha < 2\pi$）は複素平面の回転変換

$$R_\alpha(z) = e^{i\alpha} z$$

と表すものとする．

命題 3.12

2 つの $\mathbf{P}, \mathbf{Q} \in \mathrm{CP}_n$ に対して次の 2 つの条件は同値である：

(1) $R_\alpha(\mathbf{P}) \sim \mathbf{Q}$ をみたす $\alpha \in [0, 2\pi)$ が存在する．

(2) $ang(\mathbf{P}) \approx ang(\mathbf{Q})$.

証明 巡回 n 角形 $\mathbf{P}, \mathbf{Q}$ の各頂点の偏角をそれぞれ

$$\arg(P_i) = \alpha_i \quad 0 \le i \le n-1)$$
$$\arg(Q_i) = \alpha_i' \quad (0 \le i \le n-1)$$

としよう．また

$$
ang(\mathbf{P}) = \begin{pmatrix} \theta_0 \\ \vdots \\ \theta_{n-1} \end{pmatrix}
$$

$$
ang(\mathbf{Q}) = \begin{pmatrix} \theta'_0 \\ \vdots \\ \theta'_{n-1} \end{pmatrix}
$$

とする．このとき写像 ang の定義によって

$$
\theta_i = \alpha_{i+1} - \alpha_i, \tag{3.8}
$$

$$
\theta'_i = \alpha'_{i+1} - \alpha'_i \tag{3.9}
$$

がすべての i について成り立っている．これらの記号を用いて同値性を証明していく．

(1)$\Rightarrow$(2)：条件 (1) と定義 3.8 より $R_\alpha(\mathbf{P}) = L^k(\mathbf{Q})$ をみたす整数 k $(0 \le k \le n-1)$ が存在するから，

$$
\alpha_i + \alpha = \alpha'_{i+k} \quad (0 \le i \le n-1) \tag{3.10}
$$

が成り立っている．したがって式 (3.9) に式 (3.10) を代入すると

$$
\begin{aligned}
\theta'_{i+k} &= \alpha'_{i+k+1} - \alpha'_{i+k} \\
&= (\alpha_{i+1} + \alpha) - (\alpha_i + \alpha) \\
&= \alpha_{i+1} - \alpha_i \\
&= \theta_i
\end{aligned}
$$

となり，$ang(\mathbf{P}) = u^k(ang(\mathbf{Q}))$ であることがわかり，条件 (2) が出る．

(2)$\Rightarrow$(1)：条件 (2) より整数 k $(0 \le k \le n-1)$ に対して $ang(\mathbf{P}) = u^k(ang(\mathbf{Q}))$ が成り立っている．したがって $\theta_i = \theta'_{i+k}$ がすべての i に対して成り立つ．このことと式 (3.8)，(3.9) より

$$
\alpha_{i+1} - \alpha_i = \alpha'_{i+k+1} - \alpha'_{i+k} \tag{3.11}
$$

がすべての i に対して成り立つ．そこで

$$
\alpha = \alpha'_k - \alpha_0 \tag{3.12}
$$

とおくと，式 (3.11) で $i = 0$ とおいた式と式 (3.12) より

$$
\begin{aligned}
\alpha'_{k+1} &= \alpha'_k + (\alpha_1 - \alpha_0) \\
&= \alpha + \alpha_1
\end{aligned}
$$

さらに一般に

$$\alpha'_{k+i} = \alpha'_k + \sum_{p=0}^{i-1}(\alpha'_{k+p+1} - \alpha'_{k+p})$$

$$= \alpha'_k + \sum_{p=0}^{i-1}(\alpha_{p+1} - \alpha_p)$$

$$= \alpha'_k + (\alpha_i - \alpha_0)$$

$$= \alpha + \alpha_i$$

となる．したがってすべての i に対して $\alpha'_{k+i} = \alpha + \alpha_i$ が成り立つ．これは $R_\alpha(\mathbf{P}) = L^k(\mathbf{Q})$ であることを意味するから条件 (1) が成り立つ． $\qquad\Box$

3.8.3　平均変換の繰り返し

前項で見たように，平均変換の性質は行列 M_n の性質に反映されるはずであった．本項では計算しやすいようにその分母を払った $2M_n$ を M とおき，まず M の固有値・固有ベクトルを求めよう：

> **命題 3.13**
>
> n 次正方行列 M の固有値は
>
> $$1 + \zeta_n^i \quad (i = 0, 1, \cdots, n-1)$$
>
> であり，それぞれに関する固有ベクトルは
>
> $$\mathbf{v}_i = \begin{pmatrix} 1 \\ \zeta_n^i \\ \zeta_n^{2i} \\ \vdots \\ \zeta_n^{(n-1)i} \end{pmatrix}$$
>
> で与えられる．

注意. ここで「ζ_n」は

$$\zeta_n = \cos\frac{2\pi}{n} + i\sin\frac{2\pi}{n}$$

で定義される複素数であり，1 の n 乗根を表している．

証明　実際に積 $M\mathbf{v}_i$ を計算すると

$$
M\mathbf{v}_i = \begin{pmatrix} 1 & 1 & 0 & 0 & \cdots & 0 & 0 \\ 0 & 1 & 1 & 0 & \cdots & 0 & 0 \\ 0 & 0 & 1 & 1 & \cdots & 0 & 0 \\ \vdots & \vdots & \vdots & \ddots & \ddots & \vdots & \vdots \\ 0 & 0 & 0 & 0 & \cdots & 1 & 1 \\ 1 & 0 & 0 & 0 & \cdots & 0 & 1 \end{pmatrix} \begin{pmatrix} 1 \\ \zeta_n^i \\ \zeta_n^{2i} \\ \vdots \\ \zeta_n^{(n-1)i} \end{pmatrix}
$$

$$
= \begin{pmatrix} 1 + \zeta_n^i \\ \zeta_n^i + \zeta_n^{2i} \\ \zeta_n^{2i} + \zeta_n^{3i} \\ \vdots \\ \zeta_n^{(n-2)i} + \zeta_n^{(n-1)i} \\ \zeta_n^{(n-1)i} + 1 \end{pmatrix}
$$

$$
= (1 + \zeta_n^i) \begin{pmatrix} 1 \\ \zeta_n^i \\ \zeta_n^{2i} \\ \vdots \\ \zeta_n^{(n-1)i} \end{pmatrix}
$$

$$
= (1 + \zeta_n^i)\mathbf{v}_i
$$

となるからである．　　　　　　　　　　　　　　　　　　　　□

この命題より，M を対角化する行列は，M の固有ベクトルを並べた n 次行列

$$
P = \begin{pmatrix} \mathbf{v}_0 & \mathbf{v}_1 & \cdots & \mathbf{v}_{n-1} \end{pmatrix} \tag{3.13}
$$

で与えられる．しかも等式

$$
\overline{\mathbf{v}_i} \cdot \mathbf{v}_j = \begin{cases} n, & i = j \text{ のとき} \\ 0, & i \neq j \text{ のとき} \end{cases}
$$

が成り立つ（⇐ 章末問題 1 参照）ことに注意すれば

$$
P^* P = nE_n
$$

が成り立っており，したがって

$$
P^{-1} = \frac{1}{n} P^* \tag{3.14}
$$

である．

補題 3.14

$(1,1)$-成分のみが 1 で他はすべて 0 であるような n 次正方行列を $E_{(1,1)}$ とすると，上の行列 P に対して

$$PE_{(1,1)}P^{-1} = \frac{1}{n}J$$

が成り立つ．ただし J はすべての成分が 1 であるような n 次行列である．

証明 まず行列の積の定義より

$$PE_{(1,1)} = (\mathbf{v}_0 \ \ \mathbf{0} \ \ \cdots \ \ \mathbf{0}) = (\mathbf{1} \ \ \mathbf{0} \ \ \cdots \ \ \mathbf{0}) \tag{3.15}$$

が成り立っている．ただし「$\mathbf{1}$」はすべての成分が 1 であるような列ベクトルを表している．さらに行列の積の定義より，任意の n 次正方行列 $A = (a_{ij})$ に対して

$$(\mathbf{1} \ \ \mathbf{0} \ \ \cdots \ \ \mathbf{0})A = \begin{pmatrix} a_{11} & a_{12} & a_{13} & \cdots & a_{1n} \\ a_{11} & a_{12} & a_{13} & \cdots & a_{1n} \\ a_{11} & a_{12} & a_{13} & \cdots & a_{1n} \\ \vdots & \vdots & \vdots & \ddots & \vdots \\ a_{11} & a_{12} & a_{13} & \cdots & a_{1n} \end{pmatrix} \tag{3.16}$$

が成り立つ．ここで P^{-1} の第 1 行の成分は (3.14)，(3.13) よりすべて $\frac{1}{n}$ であるから (3.15)，(3.16) より

$$PE_{(1,1)}P^{-1} = \frac{1}{n}J$$

となる．これで証明が完成した． $\square$

すでに見たように，式 (3.13) で与えられる行列 P によって行列 M は対角化され

$$P^{-1}MP = \begin{pmatrix} 2 & 0 & 0 & \cdots & 0 \\ 0 & 1+\zeta_n & 0 & \cdots & 0 \\ 0 & 0 & 1+\zeta_n^2 & \cdots & 0 \\ \vdots & \vdots & \vdots & \ddots & \vdots \\ 0 & 0 & 0 & \cdots & 1+\zeta_n^{n-1} \end{pmatrix}$$

となることがわかっている．したがって元の行列 $M_n = \frac{1}{2}M$ も P によって対

角化され

$$
P^{-1}M_nP=\begin{pmatrix} 1 & 0 & 0 & \cdots & 0 \\ 0 & \dfrac{1+\zeta_n}{2} & 0 & \cdots & 0 \\ 0 & 0 & \dfrac{1+\zeta_n^2}{2} & \cdots & 0 \\ \vdots & \vdots & \vdots & \ddots & \vdots \\ 0 & 0 & 0 & \cdots & \dfrac{1+\zeta_n^{n-1}}{2} \end{pmatrix}
$$

となる．したがって M_n の k 乗について

$$
P^{-1}M_n^kP=\begin{pmatrix} 1 & 0 & 0 & \cdots & 0 \\ 0 & \left(\dfrac{1+\zeta_n}{2}\right)^k & 0 & \cdots & 0 \\ 0 & 0 & \left(\dfrac{1+\zeta_n^2}{2}\right)^k & \cdots & 0 \\ \vdots & \vdots & \vdots & \ddots & \vdots \\ 0 & 0 & 0 & \cdots & \left(\dfrac{1+\zeta_n^{n-1}}{2}\right)^k \end{pmatrix}
$$

$$(3.17)$$

という等式が成り立つ．ここで次の補題が成り立つことに注意する：

補題 3.15

1 以上 $n-1$ 以下の整数 ℓ について

$$
\lim_{k\to\infty}\left(\frac{1+\zeta_n^\ell}{2}\right)^k=0
$$

である．

証明　複素平面において $\zeta_n^\ell\ (0\le\ell\le n-1)$ に対応する点を P_ℓ とすると，$P_0,P_1,\cdots,P_{n-1}$ は単位円に内接する正 n 角形の n 個の頂点となっている．また $\dfrac{1+\zeta_n^\ell}{2}\ (1\le\ell\le n-1)$ に対応する点はこの正 n 角形の辺および対角線 P_0P_ℓ の中点である．したがってその絶対値はすべて 1 より小さいから，その k 乗は 0 に収束するのである．　　　　$\square$

この補題より，式 (3.17) の両辺の $k\to\infty$ のときの極限をとると

$$
P^{-1}\lim_{k\to\infty}M_n^kP=E_{(1,1)}
$$

であることがわかり，したがって

$$\lim_{k \to \infty} M_n^k = P E_{(1,1)} P^{-1}$$

である．これと補題 3.14 を合わせて次の命題を得る：

命題 3.16

行列

$$M_n = \frac{1}{2} \begin{pmatrix} 1 & 1 & 0 & 0 & \cdots & 0 & 0 \\ 0 & 1 & 1 & 0 & \cdots & 0 & 0 \\ 0 & 0 & 1 & 1 & \cdots & 0 & 0 \\ \vdots & \vdots & \vdots & \ddots & \ddots & \vdots & \vdots \\ 0 & 0 & 0 & 0 & \cdots & 1 & 1 \\ 1 & 0 & 0 & 0 & \cdots & 0 & 1 \end{pmatrix}$$

に対して

$$\lim_{k \to \infty} M_n^k = \frac{1}{n} J$$

が成り立つ．

この命題から次の重要な命題が得られる：

命題 3.17

任意の $\Theta \in \mathbf{A}_n$ に対して

$$\lim_{k \to \infty} (M_n)^k (\Theta) = \begin{pmatrix} \dfrac{2\pi}{n} \\ \vdots \\ \dfrac{2\pi}{n} \end{pmatrix}$$

が成り立つ．

証明　$\Theta = {}^t(\theta_1, \cdots, \theta_n) \in \mathbf{A}_n$ とおくと，

$$\lim_{k \to \infty} M_n^k(\Theta) = \frac{1}{n} J(\Theta)$$

$$= \frac{1}{n} \begin{pmatrix} \sum\limits_{i=1}^{n} \theta_i \\ \sum\limits_{i=1}^{n} \theta_i \\ \vdots \\ \sum\limits_{i=1}^{n} \theta_i \end{pmatrix}$$

$$= \frac{1}{n} \begin{pmatrix} 2\pi \\ 2\pi \\ \vdots \\ 2\pi \end{pmatrix}$$

となっている．したがって命題の証明が完成した．　　　　　　　　　　□

この命題と命題 3.11 を組み合わせれば，私たちの目標であった次の定理が得られる：

定理 3.18

3 以上の自然数と任意の $\mathbf{P} \in \mathrm{CP}_n$ に対して平均変換 av を繰り返し施すと，次第に正 n 角形に近づいていく．

証明　命題 3.11 によれば

$$ang(av(\mathbf{P}))) = M_n(ang(\mathbf{P}))$$

という等式が成り立つのであったから，任意の自然数 k に対して

$$ang(av^k(\mathbf{P}))) = M_n^k(ang(\mathbf{P}))$$

という等式が成り立つ．一方命題 3.17 によれば $k \to \infty$ としたときの右辺の極限は

$$\begin{pmatrix} \dfrac{2\pi}{n} \\ \vdots \\ \dfrac{2\pi}{n} \end{pmatrix}$$

であるから，定理の主張が証明された．　　　　　　　　　　　　　□

3.9 離散平均変換

本節では前節で述べた平均変換の離散版として「離散平均変換」を導入し，そのいろいろな性質を調べていこう．

3.9.1 $\mathbf{Z}_N$ における離散平均

前節で，中心角の平均を用いて平均変換を定義したが，そこでは「2つの実数の平均はつねに実数になる」という事実が暗黙のうちに働いていた．しかし，2つの整数の平均は整数になるとは限らない．したがって $\mathbf{Z}_N$ の2つの元の平均をうまく定義することが最初の問題となる．これは次のように与えられる：

定義 3.19

$a, b \in \mathbf{Z}_N$ に対し，その「離散平均 $rav_N(a,b)$」を次で定義する：

$$rav_N(a,b) = a +_N \left\lfloor \frac{-a +_N b}{2} \right\rfloor$$

注意．ここの「$\lfloor x \rfloor$」という記号は「x を超えない最大の整数」という意味である．これは「floor（床）関数」と呼ばれ，Knuth が創始した記号である．

$N = 8$ の場合で，離散平均の例をいくつかみてみよう．以下の例からもわかるように $\mathbf{Z}_N$ の各元を，複素平面の単位円上に頂点をもつ正 N 角形として表すのが理解を助けてくれる．

例 3.3　$rav_8(1,3)$：定義に従って計算すると

$$
\begin{aligned}
rav_8(1,3) &= 1 +_8 \left\lfloor \frac{-1 +_8 3}{2} \right\rfloor \\
&= 1 +_8 \left\lfloor \frac{2}{2} \right\rfloor \\
&= 1 +_8 \lfloor 1 \rfloor \\
&= 1 +_8 1 \\
&= 2
\end{aligned}
$$

となるから，円グラフで表すと，下図の二重丸の「2」が1と3の離散平均になる．

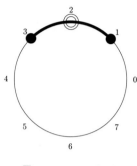

図 **3.12**　$rav_8(1,3)$

このように「$\lfloor\cdot\rfloor$」の中身が整数のときは普通の平均と同じであるが，そうでない場合が次の例である．

例 **3.4**　$rav_8(1,4)$：定義にしたがって計算すると

$$
\begin{aligned}
rav_8(1,4) &= 1 +_8 \left\lfloor \frac{-1 +_8 4}{2} \right\rfloor \\
&= 1 +_8 \left\lfloor \frac{3}{2} \right\rfloor \\
&= 1 +_8 \lfloor 1 \rfloor \\
&= 1 +_8 1 \\
&= 2
\end{aligned}
$$

となるから，下図の二重丸の「2」が1と4の離散平均になる．

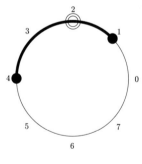

図 **3.13**　$rav_8(1,4)$

次の例は，$a > b$ の場合の離散平均である．

例 3.5 $rav_8(6,1)$：まず計算で求めると

$$rav_8(6,1) = 6 +_8 \left\lfloor \frac{-6 +_8 1}{2} \right\rfloor$$

$$= 6 +_8 \left\lfloor \frac{3}{2} \right\rfloor$$

$$= 6 +_8 \lfloor 1 \rfloor$$

$$= 6 +_8 1$$

$$= 7$$

となるから，下図の二重丸の「7」が 6 と 1 の離散平均になる.

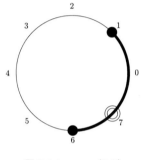

図 3.14 $rav_8(6,1)$

しかしこの例の 6 と 1 を入れ替えると次のようになる.

例 3.6 $rav_8(1,6)$：まず計算で求めると

$$rav_8(1,6) = 1 +_8 \left\lfloor \frac{-1 +_8 6}{2} \right\rfloor$$

$$= 1 +_8 \left\lfloor \frac{5}{2} \right\rfloor$$

$$= 1 +_8 \lfloor 2 \rfloor$$

$$= 1 +_8 2$$

$$= 3$$

となるから，下図の二重丸の「3」が 1 と 6 の離散平均になる.

図 **3.15** $rav_8(1, 6)$

これらの例からもわかるように, どんな $a, b \in \mathbf{Z}_N$ に対しても

「$rav_N(a, b)$ は a から b へ左回りに描いた円弧上にある」

という大事な性質がある. したがって, 一般には

$$rav_N(a, b) \neq rav_N(b, a)$$

であり, 普通の平均とは違うことに注意が必要である.

3.9.2　リズムの離散平均変換

　前項で導入した離散平均変換を, リズムの隣り合う点同士すべてに施して, リズムの離散平均変換を作る, というのが次の定義である:

定義 3.20

任意の $R = (a_1, a_2, \cdots, a_k) \in \mathbf{R}_N^k$ に対してその離散平均変換 $Rav_N(R)$ を次のように定義する:

$$Rav_N(R) = (rav_N(a_1, a_2), rav_N(a_2, a_3), \cdots, rav_N(a_k, a_1))$$

また, 巡回多角形の考察において, 隣り合う 2 頂点のなす中心角が重要な役割を果たしたが, それに対応する離散版が「リズムの階差列」である:

定義 3.21

任意の $R = (a_1, a_2, \cdots, a_k) \in \mathbf{R}_N^k$ に対して, その「階差列 $d(R)$」を

$$d(R) = (a_2 -_N a_1, a_3 -_N a_2, \cdots, a_k -_N a_{k-1}, a_1 -_N a_k)$$

と定義する.

いくつか例を見てみよう.

例 3.7　8 ビート 3 音のリズム $R_1 = (0, 1, 2) \in \mathbf{R}_8^3$ の場合.
この離散平均変換は

$$
\begin{aligned}
Rav_8(R_1) &= Rav_8(0, 1, 2) \\
&= (rav_8(0, 1), rav_8(1, 2), rav_8(2, 0)) \\
&= (0, 1, 5)
\end{aligned}
$$

というように計算される. さらに離散平均変換を何回も繰り返して適用すると

$$
\begin{array}{ccccccc}
012 & \xrightarrow{Rav} & 015 & \xrightarrow{Rav} & 036 & \xrightarrow{Rav} & 147 \\
\downarrow{d} & & \downarrow{d} & & \downarrow{d} & & \downarrow{d} \\
116 & \xrightarrow{Dav} & 143 & \xrightarrow{Dav} & 332 & \xrightarrow{Dav} & 332
\end{array}
$$

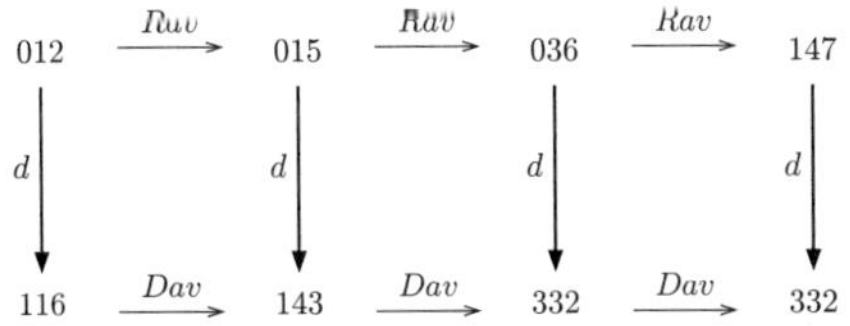

図 3.16　$Rav_8^k(0, 1, 2)$

というように, 3 回目以降はその階差列が同じになってしまう.（図 3.16 の下の行の「Dav」については後に説明する.）これは 3 回目以降は平均変換を行なっても, 回転し始めるということを意味する. 実際「036」以降の離散平均変換の繰り返しは

$$036 \to 147 \to 250 \to \ldots$$

というように

$$
\begin{aligned}
(0, 3, 6) +_8 1 &= (1, 4, 7) \\
(1, 4, 7) +_8 1 &= (2, 5, 0)
\end{aligned}
$$

それぞれが mod 8 で 1 を加えたものになっている.

例 3.8　8 ビート 3 音のリズム $R_2 = (0, 1, 3) \in \mathbf{R}_8^3$ の場合.
離散平均変換を何回も繰り返して適用すると

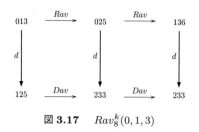

図 3.17　　$Rav_8^k(0,1,3)$

というように，今度は 2 回目以降はその階差列が同じになってしまい，2 回目以降は平均変換を行なっても，回転し始めるということを意味する．

　この二つの例のうち一つ目には「250」，二つ目には「025」が途中で現れるが，これらはリズムとしては同じと考えるのが自然であろう．なぜなら，それぞれを何回も繰り返して叩いて入れれば区別ができなくなるからである．このような事情から改めてリズムとは何か，そしてどのようなリズムを同じとみなすか，という定義を正確にしておきたい．

定義 3.22

$\mathbf{Z}_N^k$ の元 $(a_1, a_2, \cdots, a_k)$ であって，$a_1, a_2, \cdots, a_k$ が相異なっており，しかも条件

$$(a_2 -_N a_1) + (a_3 -_N a_2) + \cdots + (a_1 -_N a_k) = N \qquad (3.18)$$

をみたすものを「n ビート k 音のリズム」といい，その全体を $\mathbf{R}_N^k$ と表す．

　例えば 8 ビート 3 音の場合，$(2,5,0)$ は $\mathbf{R}_8^3$ の元であるが，$(2,0,5)$ はそうではない．なぜなら $(2,5,0)$ のほうは

$$(5 -_8 2) + (0 -_8 5) + (2 -_8 0) = 3 + 3 + 2 = 8$$

であって，条件 (3.18) をみたしているが，$(2,0,5)$ については

$$(0 -_8 2) + (5 -_8 0) + (2 -_8 5) = 6 + 5 + 5 = 16$$

となって条件 (3.18) をみたしていないからである．円グラフで見れば，$(2,5,0)$ のほうは「2 から 5 へ左回り」，「5 から 0 へ左回り」そして「0 から 2 へ左回り」で行くと，ちょうど単位円を一周して最初の 2 に戻ってくる．しかし $(2,0,5)$ は「2 から 0 へ左回り」，「0 から 5 へ左回り」そして「5 から 2 へ左回り」で行くと，単位円を二周してして最初の 2 に戻ってくる．つまりリズムの円グラ

フを

　　「左回りで順にたどって行くと単位円をちょうど一周して元に戻る」

というのが条件 (3.18) の意味するところなのである.

　これで「リズムの数学」の研究対象を正確に定義することができた. 次に「どのようなリズムを同じものとみなすか」ということを定式化する. そのために 2 種類の変換を導入する:

定義 3.23

(1) 写像 $tr : \mathbf{Z}_N^k \to \mathbf{Z}_N^k$ を

$$tr(a_1, a_2, \cdots, a_k) = (a_1 +_N 1, a_2 +_N 1, \cdots, a_k +_N 1)$$

で定義し, 「平行移動」と呼ぶ.

(2) 写像 $cycle : \mathbf{Z}_N^k \to \mathbf{Z}_N^k$ を

$$cycle(a_1, a_2, \cdots, a_k) = (a_2, a_3, \cdots, a_k, a_1)$$

で定義し, 「順送り」と呼ぶ.

これら 2 つの写像がどちらもリズムをリズムに写す, というのが重要な点である:

命題 3.24

(1) $tr(\mathbf{R}_N^k) \subset \mathbf{R}_N^k$ が成り立つ.

(2) $cycle(\mathbf{R}_N^k) \subset \mathbf{R}_N^k$ が成り立つ.

(証明は章末問題 3 参照.)

そして私たちの「リズムの数学」においては,

　　　　「tr や $cycle$ で写り合うリズムは同じものとみなす」

という立場をとる. したがって 8 ビート 3 音のリズムの集合 $\mathbf{R}_8^3$ においては, 例えば

$$(0,2,5), (1,3,6), (2,4,7), (3,5,0), (4,6,1), (5,7,2), (6,0,3), (7,1,4)$$

という 8 つのリズムは，それぞれが前のものの 1 だけの平行移動になっている
ので同じとみなし，

$$(0, 2, 5), (2, 5, 0), (5, 0, 2)$$

という 3 つのリズムは，それぞれが前のものの順送りになっているので同じと
みなすのである．ただし上の「$(0, 2, 5)$」と「$(1, 3, 6)$」とは数列としてはもちろ
ん異なるものなので，誤解がないように，リズムとして同じだ，ということを
記号「$\sim$」で表すことにしよう．したがって，例えば

$$(0, 2, 5) \sim (1, 3, 6),$$
$$(2, 5, 0) \sim (5, 0, 2)$$

と表されることになる．一般の場合も同様に次のように定義する：

定義 3.25

N ビート k 音の 2 つのリズム $R, S \in \mathbf{R}_N^k$ に対し，$tr^i(cycle^j(R)) = S$ を
みたす整数 i, j が存在するとき，「R と S は同値である」といい，記号で

$$R \sim S$$

と表す．

注意．実際にここで定義した関係「$\sim$」が同値関係であることは章末問題 4 で
示される．

したがって図 3.16 と図 3.17 で観察したことは，

「リズムに離散平均変換を何回も適用していくと，
いつかは同値なリズムが繰り返されるようになる」

と表現できる．もう少し数学的には

「任意のリズム $R \in \mathbf{R}_N^k$ に対して，ある番号 $n_0 \in \mathbf{N}_0$ が存在して

$$Rav^{n_0+i}(R) \sim Rav^{n_0}(R) \quad (i \in \mathbf{N}_0)$$

が成り立つ」

ということになる．

3.9.3 階差平均変換

前節の図 3.16，3.17 を見ると，

「下の行の階差列が同じものの繰り返しになると
上の行のリズムも同値なものの繰り返しになる」

と判断できそうである．この観察を正当化するのが本項の目標である．

その目標を果たすために大事な役割を果たすのがそれらの図の下の行の矢印の写像「Dav」である．この写像を用いれば，上の行でリズムに離散平均変換を施してその階差をとる，という手間をかけずに，下の行だけを次々に計算することができる．その定義のために，まず階差列のなす集合の形を明確にしておこう：

定義 3.26

自然数 N と k に対し

$$\mathbf{D}_N^k = \{(d_1, d_2, \cdots, d_k) \in \mathbf{N}^k; \sum_{i=1}^{k} d_i = N\}$$

とおき，N ビート k 音リズムの「階差集合」と呼ぶ．

こう呼ぶのは，次の命題が成り立つからである：

命題 3.27

任意の $R \in \mathbf{R}_N^k$ に対し

$$d(R) \in \mathbf{D}_N^k \tag{3.19}$$

が成り立つ．

証明 $R = (a_1, a_2, \cdots, a_k)$ とし，$d(R) = (d_1, d_2, \cdots, d_k)$ とおく．すると定義 3.22 より a_i $(1 \le i \le k)$ は互いに異なるから，$d_i > 0$ $(1 \le i \le k)$ であり，すべてが自然数になる．さらにその定義の中の式 (3.18) より

$$\sum_{i=1}^{k} d_i = (a_2 -_N a_1) + (a_3 -_N a_2) + \cdots + (a_1 -_N a_k) = N$$

が成り立っているから，$d(R)$ は定義 3.26 の条件をみたしており，(3.19) が示された． $\square$

さらに階差集合はリズムを考察する上で本質をとらえた空間である，ということを示しているのが次の命題である：

命題 3.28

(1) 階差写像 $d : \mathbf{R}_N^k \to \mathbf{D}_N^k$ は全射である．

(2) 任意の $D \in \mathbf{D}_N^k$ に対して，$R, S \in d^{-1}(\{D\})$ とすると

$$tr^i(R) = S$$

をみたす整数 i が存在する．

証明   (1) 任意の $D = (d_1, d_2, \cdots, d_k) \in \mathbf{D}_N^k$ が与えられたとき，$a_1 = 0$ とおき，2 以上の番号 $i\,(2 \le i \le k)$ に対しては

$$a_i = \sum_{j=1}^{i-1} d_j$$

とおく．$d_i\,(1 \le i \le k)$ がすべて自然数であるから $a_1 < a_2 < \cdots < a_k$ である．しかも $\sum_{i=1}^{k} d_i = N$ であるから $a_k = \sum_{i=1}^{k-1} d_i < N$ も成り立つ．よって $a_1, a_2, \cdots, a_k$ は単調増加な $\mathbf{Z}_N$ の数の列であり，特に互いに異なっている．また任意の $i \in [1, k-1]$ に対して

$$a_{i+1} - a_i = \sum_{j=1}^{i} d_j - \sum_{j=1}^{i-1} d_j = d_i \tag{3.20}$$

であり，

$$
\begin{aligned}
a_1 -_N a_k &= 0 -_N \sum_{j=1}^{k-1} d_j \\
&= 0 -_N \left(\sum_{j=1}^{k} d_j - d_k \right) \\
&= 0 -_N (N - d_k) \\
&= d_k
\end{aligned}
\tag{3.21}
$$

であるから，$R = (a_1, a_2, \cdots, a_k)$ とおくと $d(R) = D$ が成り立つ．しかも (3.20) と (3.21) より条件 (3.18) も成り立っているから $R \in \mathbf{R}_N^k$ であり，写像

d が全射であることが証明された.

(2) $R = (a_1, a_2, \cdots, a_k), S = (b_1, b_2, \cdots, b_k)$ とおくと，これらが逆像 $d^{-1}(\{D\})$ に属している，ということは

$$a_2 -_N a_1 = d_1 = b_2 -_N b_1,$$
$$a_3 -_N a_2 = d_2 = b_3 -_N b_2,$$
$$\cdots,$$
$$a_k -_N a_{k-1} = d_{k-1} = b_k -_N b_{k-1}$$

という等式がすべて成り立っていることを意味する．したがってそれぞれの等式を移項して

$$b_1 -_N a_1 = b_2 -_N a_2 = \cdots = b_k -_N a_k$$

というようにすべての mod N での差が等しいということがわかるから，その差を i とするとすべての $j \in [1, k]$ について

$$b_j = a_j +_N i$$

が成り立つ．したがって $tr^i(R) = S$ が成り立つ． □

注意．この命題は「$\mathbf{D}_N^k$ は，$\mathbf{R}_N^k$ において tr が生成する同値関係による商空間である」ということを示しており，リズムの数学の研究に階差空間が果たす役割を暗示している．

これで本項の目標とする「階差平均」の導入の準備が整った：

定義 3.29

整数の組 d, d' に対してその「d-平均 $dav(d, d')$」を

$$dav(d, d') = \begin{cases} \lfloor \dfrac{d + d'}{2} \rfloor, & d \text{ が偶数のとき} \\ \lceil \dfrac{d + d'}{2} \rceil, & d \text{ が奇数のとき} \end{cases}$$

で定義する．そして $D = (d_1, d_2, \cdots, d_k) \in \mathbf{Z}_N^k$ が与えられたとき，その「階差平均 $Dav(D)$」を

$$Dav(D) = (dav(d_1, d_2), dav(d_2, d_3), \cdots, dav(d_k, d_1))$$

で定義する．

　このように定義した階差平均 $Dav(D)$ が $\mathbf{D}_N^k$ の元を $\mathbf{D}_N^k$ にうつすことを確認する必要がある．そこで一般の有理数のベクトル $\mathbf{v} = (v_1, v_2, \cdots, v_k)$ に対して

$$s(\mathbf{v}) = \sum_{i=1}^{k} v_i$$

とおいて，次の命題が成り立つことを示そう：

命題 3.30

任意の $\mathbf{v} \in \mathbf{Z}^k$ に対して

$$s(Dav(\mathbf{v})) = s(\mathbf{v})$$

が成り立つ．特に階差平均変換は写像

$$Dav : \mathbf{D}_N^k \to \mathbf{D}_N^k$$

を定義する．

証明　「普通の平均」を用いる平均変換

$$AV(\mathbf{v}) = \left(\frac{v_1 + v_2}{2}, \cdots, \frac{v_k + v_1}{2} \right) \in \mathbf{Q}^k$$

については

$$\begin{aligned}
s(AV(\mathbf{d})) &= \frac{v_1 + v_2}{2} + \cdots + \frac{v_k + v_1}{2} \\
&= \frac{1}{2}(2v_1 + \cdots + 2v_k) \\
&= v_1 + \cdots + v_k \\
&= s(\mathbf{v}) \tag{3.22}
\end{aligned}$$

が成り立っている．一方 $Dav(\mathbf{d})$ の各成分は dav を用いて定義されており，隣り合う成分の偶奇性に応じて普通の平均「AV」と比較すると

$$dav(d_i, d_{i+1}) = \begin{cases}
AV(d_i, d_{i+1}), & (d_i, d_{i+1}) \equiv (0,0) \pmod 2 \text{ のとき} \\
AV(d_i, d_{i+1}), & (d_i, d_{i+1}) \equiv (1,1) \pmod 2 \text{ のとき} \\
AV(d_i, d_{i+1}) - \frac{1}{2}, & (d_i, d_{i+1}) \equiv (0,1) \pmod 2 \text{ のとき} \\
AV(d_i, d_{i+1}) + \frac{1}{2}, & (d_i, d_{i+1}) \equiv (1,0) \pmod 2 \text{ のとき}
\end{cases}$$

と表される．したがって

$$n_{(0,1)} = |\{(d_i, d_{i+1}); i \in [1, k], (d_i, d_{i+1}) \equiv (0,1) \pmod 2\}|$$
$$n_{(1,0)} = |\{(d_i, d_{i+1}); i \in [1, k], (d_i, d_{i+1}) \equiv (1,0) \pmod 2\}|$$

とおくと

$$\sum_{i=1}^{k} dav(d_i, d_{i+1}) = \sum_{i=1}^{k} AV(d_i, d_{i+1}) - \frac{1}{2}n_{(0,1)} + \frac{1}{2}n_{(1,0)} \quad (3.23)$$

という等式が成り立つ. ところが数列 $(d_1, \cdots, d_k, d_1)$ は偶数で始まり偶数で終わるか，奇数で始まり奇数で終わるかのどちらかであるから $n_{(0,1)} = n_{(1,0)}$ でなければならない. よって式 (3.23) の右辺の第 2 項と第 3 項が打ち消し合って

$$\sum_{i=1}^{k} dav(d_i, d_{i+1}) = \sum_{i=1}^{k} AV(d_i, d_{i+1}) \quad (3.24)$$

が成り立つが，この左辺が $s(Dav(\mathbf{D}))$，右辺が式 (3.22) より $s(\mathbf{D})$ と等しいから，命題の証明が完成する. □

リズムの平均変換を階差平均を通して考察することを保証するのが次の命題である：

命題 3.31

任意の $R \in \mathbf{R}_N^k$ に対して

$$Dav(d(R)) = d(Rav(R)) \quad (3.25)$$

という等式が成り立つ. すなわち写像として

$$Dav \circ d = d \circ Rav$$

という等式が成り立つ.

証明 まず $N = 2N'$ が偶数で $k = 3$, そして

$$R = (0, a_2, a_3), \ 0 < a_2 < a_3 < N$$

となっている場合で考えてみよう. このとき式 (3.25) の左辺は

$$\begin{aligned} Dav(d(R)) &= Dav(a_2, a_3 -_N a_2, 0 -_N a_3) \\ &= Dav(a_2, a_3 - a_2, N - a_3) \end{aligned} \quad (3.26)$$

である. 一方 (3.25) の右辺は

$$d(Rav(R)) = d(rav(0, a_2), rav(a_2, a_3), rav(a_3, 0)) \quad (3.27)$$

であり，どちらも a_2, a_3 の偶奇性に依存するから，場合分けする必要があり，ここでは $(a_2, a_3) \equiv (0, 0) \pmod 2$ の場合の証明を紹介する．他の場合も注意深く計算すればできる．この場合

$$a_2 = 2a_2', a_3 = 2a_3'$$

とおくと (3.26) は

$$
\begin{aligned}
& Dav(a_2, a_3 - a_2, N - a_3) \\
={}& (dav(a_2, a_3 - a_2), dav(a_3 - a_2, N - a_3), dav(N - a_3, a_2)) \\
={}& (dav(2a_2', 2a_3' - 2a_2'), dav(2a_3' - 2a_2', 2N' - 2a_3'), dav(2N' - 2a_3', 2a_2')) \\
={}& (a_3', N' - a_2', N' + a_2' - a_3')
\end{aligned}
$$

一方 (3.27) は

$$
\begin{aligned}
d(Rav(R)) &= d(rav(0, a_2), rav(a_2, a_3), rav(a_3, 0)) \\
&= d(rav(0, 2a_2'), rav(2a_2', 2a_3'), rav(2a_3', 0)) \\
&= d(a_2', a_2' + a_3', a_3' + N') \\
&= (a_3', N' - a_2', N' + a_2' - a_3')
\end{aligned}
$$

となるから，一致している． $\qquad\qquad\qquad\qquad\qquad\qquad\square$

注意. 一般の N, k の場合にこの命題を証明するためには，かなりの場合分けが必要となる．詳しくは [2] をご覧いただきたい．

次の事実がリズムの数学の主定理であり，階差平均を活用することで証明できる：

定理 3.32

任意のリズム $R \in \mathbf{R}_N^k$ に対して，ある番号 $n_0 \in \mathbf{N}_0$ が存在して

$$Rav^{n_0 + i}(R) \sim Rav^{n_0}(R) \quad (i \in \mathbf{N}_0)$$

が成り立つ．

証明の詳細は [2] に譲る．ここではアフリカのリズムの舞台である $\mathbf{R}_{16}^5$ のリズムのいくつかを例にとって，この定理を実感したい．以下，リズム R に i 回 Rav を施した $Rav^i(R)$ を「R_i」，階差 D に i 回 Dav を施した $Dav^i(D)$ を

「D_i」と略記する.

例 **3.9**　$N = 16, k = 4, R = (0, 3, 7, 14)$ のとき :

$$R_0 = (0, 3, 7, 14) \quad \to \quad D_0 = (3, 4, 7, 2)$$
↓
$$R_1 = (1, 5, 10, 15) \quad \to \quad D_1 = (4, 5, 5, 2)$$
↓
$$R_2 = (3, 7, 12, 0) \quad \to \quad D_2 = (4, 5, 4, 3)$$
↓
$$R_3 = (5, 9, 14, 1) \quad \to \quad D_3 = (4, 5, 3, 4)$$
↓
$$R_4 = (7, 11, 15, 3) \quad \to \quad D_4 = (4, 4, 4, 4)$$
↓
$$R_5 = (9, 13, 1, 5) \quad \to \quad D_5 = (4, 4, 4, 4)$$
↓
$$R_6 = (11, 15, 3, 7) \quad \to \quad D_6 = (4, 4, 4, 4)$$
↓
$$R_7 = (13, 1, 5, 9) \quad \to \quad D_7 = (4, 4, 4, 4)$$
$$\vdots \qquad\qquad\qquad\qquad \vdots$$

これは k が N の約数の場合の例であるが,$D_4 = D_5 = \cdots = (4, 4, 4, 4)$ となり,これは $i \geq 4$ のとき R_i の円グラフが正方形になることを意味している.またどの階差も総和が 16 になっていて命題 3.30 が確かに成り立っていることにも注意しよう.

例 **3.10**　$N = 16, n = 5, R = (0, 1, 3, 7, 14)$ のとき :

$$R_0 = (0, 1, 3, 7, 14) \quad \to \quad D_0 = (1, 2, 4, 7, 2)$$
↓
$$R_1 = (0, 2, 5, 10, 15) \quad \to \quad D_1 = (2, 3, 5, 5, 1)$$
↓
$$R_2 = (1, 3, 7, 12, 15) \quad \to \quad D_2 = (2, 4, 5, 3, 2)$$
↓
$$R_3 = (2, 5, 9, 13, 0) \quad \to \quad D_3 = (3, 4, 4, 3, 2)$$
↓
$$R_4 = (3, 7, 11, 14, 1) \quad \to \quad D_4 = (4, 4, 3, 3, 2)$$
↓
$$R_5 = (5, 9, 12, 15, 2) \quad \to \quad D_5 = (4, 3, 3, 3, 3)$$
↓
$$R_6 = (7, 10, 13, 0, 3) \quad \to \quad D_6 = (3, 3, 3, 3, 4)$$
↓

$$R_7 = (8, 11, 14, 1, 5) \quad \rightarrow \quad D_7 = (3, 3, 3, 4, 3)$$
↓
$$R_8 = (9, 12, 15, 3, 6) \quad \rightarrow \quad D_8 = (3, 3, 4, 3, 3)$$
↓
$$R_9 = (10, 13, 1, 4, 7) \quad \rightarrow \quad D_9 = (3, 4, 3, 3, 3)$$
↓
$$R_{10} = (11, 15, 2, 5, 8) \quad \rightarrow \quad D_{10} = (4, 3, 3, 3, 3)$$
⋮   ⋮

これは k が N と互いに素なときの例だが，階差がすべて等しいことはあり得ず，正 n 角形には決してならない．しかし D_5 以降の階差を見てもわかるように，かなり規則的に階差が巡回している．

3.10　リズムの R-グラフ $\mathbf{G}_N^k$

前節でリズムに平均変換を何回も施していくと，いつかは同値なリズムを繰り返し始める，ということを述べた．この現象を可視化してみよう，というのが本節の目標である．

まず「グラフ理論」における「有向グラフ」とは，例えば

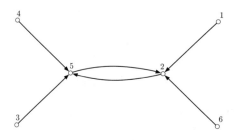

図 3.18　グラフの一例

のように，いくつかの点とそれらを結ぶいくつかの矢印を指定することで与えられる．一般的には次のように定義される：

定義 3.33

有限集合 $V = \{v_1, v_2, \cdots, v_n\}$ が与えられたとき，V の 2 つの元 a, b の組 (a, b) を「辺」という．そして V のいくつかの辺の集合 E が指定されているとき，$G = (V, E)$ を「有向グラフ」と呼ぶ．

注意. 今後本章では「有向グラフ」を単に「グラフ」と呼ぶ.

上の図 3.18 は

$$V = \{1, 2, 3, 4, 5, 6\}$$
$$E = \{(1, 2), (2, 5), (3, 5), (4, 5), (5, 2), (6, 2)\}$$

というように, 6 個の点と 6 個の辺からなるグラフ $G = (V, E)$ の例である. そして例えば E の一つ目の組「$(1, 2)$」は頂点「1」から頂点「2」へ向かう矢印で表す. また, $(2, 5)$ も, その元の順番を入れ替えた $(5, 2)$ も E に属するから, 図のように「2 から 5 へ向かう矢印」と「5 から 2 へ向かう矢印」の両方が描かれる.

では, 本節の主要な対象である「リズム族のグラフ」を導入しよう:

定義 3.34

$\mathbf{R}_N^k$ の「R-グラフ $\mathbf{G}_N^k$」とは, その頂点の集合 V, 辺の集合 E が

$$V = \mathbf{R}_N^k$$
$$E = \{(R, Rav(R)); R \in \mathbf{R}_N^k\}$$

として与えられるグラフのことをいう.

実は上の図 3.18 のグラフは $\mathbf{R}_4^2$ の R-グラフ $\mathbf{G}_4^2$ を描いたものであった. ただしその頂点の名前は

番号	リズム
1	$(0, 1)$
2	$(0, 2)$
3	$(0, 3)$
4	$(1, 2)$
5	$(1, 3)$
6	$(2, 3)$

とした.

実はここで導入した R-グラフは, 「有限力学系に付随するグラフ」の一つの例となっている. 今後 R-グラフを考察していく上で有限力学系の用語が重要な

役割を果たすので，ここで紹介しておきたい．まず「有限力学系」とは次のように定義される対象である：

定義 3.35

有限集合 X と，その上の変換 $f : X \to X$ が与えられているとき，それらの組 (X, f) を「有限力学系（*finite dynamical system*）」という．

そして有限力学系から次のようにしてグラフを作る：

定義 3.36

有限力学系 (X, f) が与えられたとき，それに「付随するグラフ $G(X, f)$」とは，頂点の集合 V，辺の集合 E が

$$V = X$$
$$E = \{(x, f(x)); x \in X\}$$

として与えられるグラフのことをいう．

したがって，私たちの R-グラフ $\mathbf{G}_N^k$ は，X として $\mathbf{R}_N^k$ をとり，f として $Rav : \mathbf{R}_N^k \to \mathbf{R}_N^k$ をとって作った有限力学系 $(\mathbf{R}_N^k, Rav)$ に付随するグラフ $G(\mathbf{R}_N^k, Rav)$ だ，ということになる．

以下に R-グラフの例を図示してある．それらを見るといくつかの特徴に気づく．一つ目は

「矢印に沿っていくとグルグルと回る部分がある」

という点である．これは重要な特徴なので，一般的な用語を導入しておこう：

定義 3.37

有限力学系 (X, f) において X の相異なる元の列 $C = (x_1, x_2, \cdots, x_n)$ が

$$f(x_1) = x_2, \ f(x_2) = x_3, \cdots, f(x_{n-1}) = x_n, \ f(x_n) = x_1$$

という条件をみたすとき，C を「n-サイクル」という．

例えば下の図 3.19 の点列 $(x_1, x_2, x_3, x_4, x_5)$ は 5-サイクルになっている．また，図 3.26 の点列 $(3, 10, 18, 9, 15, 4, 14)$ は 7-サイクルの例である．

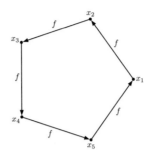

図 3.19　5-サイクルの例

さらに，次の定義も重要である．後にリズムのノリの良さを測る重要な尺度として用いられることになる．

定義 3.38

有限力学系 (X, f) において，点 $x \in X$ が，あるサイクル C に対して，条件

(C) $f^n(x) \in C$ となるような $n \in \mathbf{N}_0$ が存在する

をみたすとき，「x は C へ到達可能 (reachable)」という．そして条件 (C) に現れる自然数 n の最小値を「x の C に関する高さ」といい，$h_C(x)$ と表す．

例えば，図 3.20 の R-グラフ $\mathbf{G}_4^2$ は 2-サイクル $C = \{2, 5\}$ を持っているが，6 つの頂点それぞれの C に関する高さは次の表のようになる：

点 p	高さ $h_C(p)$
1	1
2	0
3	1
4	1
5	0
6	1

この例のようにサイクルに属する点の高さはすべて 0 になる．（$\Leftarrow f^0(x) = x$ と定義されていることに注意．）

　次に下の図 3.27 の R-グラフ $\mathbf{G}_8^2$ のように，サイクルが複数個現れる場合も
あり，次の用語を導入する：

定義 3.39

有限力学系 (X, f) のあるサイクル C に対し，C に到達可能な点全体の集
合を X_C と書く．すなわち

$$X_C = \{x \in X; f^n(x) \in C \text{ をみたす } n \in \mathbf{N}_0 \text{ が存在する }\}$$

と定義する．そしてサイクル C に対する X_C を「C に付随する連結成分」
と呼ぶ.

　以下の図は $\mathbf{G}_N^2 (4 \leq N \leq 10)$ を描いたものである．さらに 6 以下の N につ
いては，それぞれのグラフの下に頂点の番号に対応するリズムの円グラフも付
け加えたので

「どのようなリズムがサイクルを構成するか」

ということを観察していただきたい.

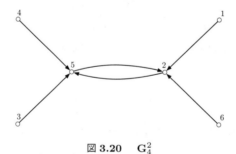

図 3.20　　$\mathbf{G}_4^2$

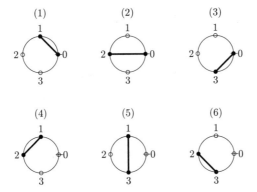

図 **3.21** 図 **3.20** の点の番号と対応するリズム

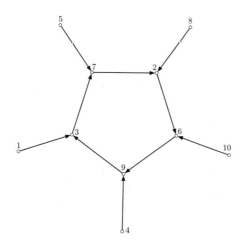

図 **3.22** $\mathbf{G}_5^2$

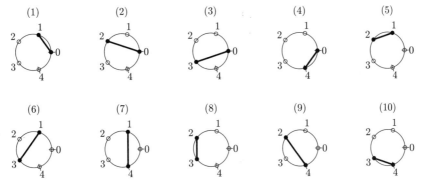

図 **3.23** 図 **3.22** の頂点の番号と対応するリズム

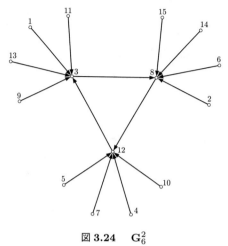

図 3.24 $\mathbf{G}_6^2$

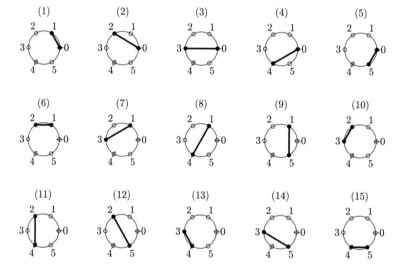

図 3.25   図 3.24 の頂点の番号と対応するリズム

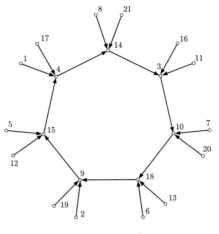

図 3.26　G_7^2

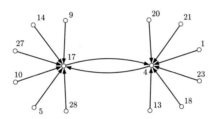

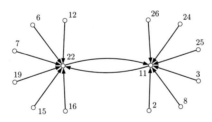

図 3.27　G_8^2

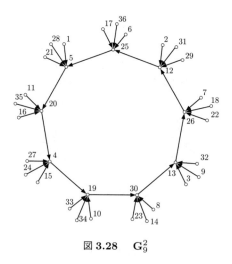

図 3.28　$\mathbf{G}_9^2$

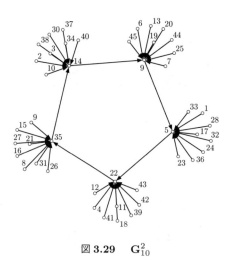

図 3.29　$\mathbf{G}_{10}^2$

注意. これらすべてのグラフが見事な対称性を持っていることは注目すべきである. このことは私たちの R-グラフ $\mathbf{G}_N^k$ には「群 $\mathbf{Z}_N$ が作用している」という事実を反映している.

　ここまでは 2 音のリズムの R-グラフであった. では 4 音のリズムの R-グラフをみてみよう. 次の図は R-グラフ $\mathbf{G}_8^4$ である:

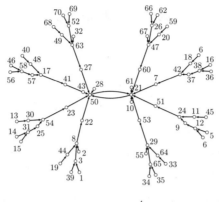

図 3.30　$\mathbf{G}_8^4$

このうち点「1」から 2-サイクル $C = \{50, 21\}$ へ向かう部分だけ取り出して，それぞれの名前のリズムの円グラフも示したのが次の図である：

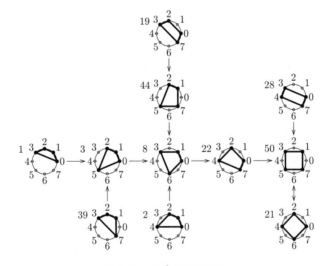

図 3.31　$\mathbf{G}_8^4$ の部分グラフ

これを見ると，点「1」からサイクルに向かっていくとだんだんリズムが平滑化されていく様子がありありとわかる．さらにこの図の点「22」や「28」は，サイクル C からの高さが 1 だが，他の高さが 1 の点のリズムはどれも「22」，「28」の平行移動になっており，しかもかなり「ノリ」がよい，ということまで観察できる．つまり私たちの有限力学系 $(\mathbf{R}_N^k, Rav)$ はリズムの「ノリ」の研究にかなり本質的な視点を与えている，と結論していいと思う．

――――――――――――● 第3章　練習問題 ●――――――――――――

1. 命題 3.13 で与えられるベクトル $\mathbf{v}_i$ $(0 \le i \le n-1)$ に対して

$$\overline{\mathbf{v}_i} \cdot \mathbf{v}_j = \begin{cases} n, & i=j \text{ のとき} \\ 0, & i \ne j \text{ のとき} \end{cases}$$

が成り立つことを示せ.

2. 9 ビート 3 音のリズム $R = (0,1,2) \in \mathbf{R}_9^3$ に対して離散平均変換 Rav を切り返し適用し，何回で正三角形になるかを求めよ.

3. 定義 3.23 で定義された写像 $tr, cycle : \mathbf{Z}_N^k \to \mathbf{Z}_N^k$ に対し，以下のことを示せ.

(1) $tr(\mathbf{R}_N^k) \subset \mathbf{R}_N^k$ が成り立つ.

(2) $cycle(\mathbf{R}_N^k) \subset \mathbf{R}_N^k$ が成り立つ.

4. 定義 3.23 で定義された写像 $tr, cycle : \mathbf{Z}_N^k \to \mathbf{Z}_N^k$ に対し，以下のことを示せ.

(1) $tr \circ cycle = cycle \circ tr$ が成り立つ.

(2) 定義 3.25 で定義されたリズムに関する関係「$\sim$」は同値関係であることを示せ.

5. 5 ビート 3 音のリズム族 $\mathbf{R}_5^3$ について次の問に答えよ.

(1) R-グラフ $\mathbf{G}_5^3$ を描け.

(2) 5 ビート 2 音の R-グラフ $\mathbf{G}_5^2$ との関係を発見せよ.

4 三段論法

三段論法の例としてしばしば挙げられるのは

> 「人間は死すべきものである.
> ソクラテスは人間である.
> したがってソクラテスは死すべきものである」

という推論だが,実はアリストテレスが徹底的に研究し,そして分類した三段論法は,この例の型に留まらない,広汎な論法を視野に入れている.本章は前半で「ベン図」を用いる三段論法の分析法を紹介し,後半で「グラフ」を用いる方法を紹介する.「ベン図」を用いる方法は現代でも教科書 [4] において第 4章,第 5 章全体がその解説に当てられており,標準的で確立された方法といえる.しかしこの方法は与えられた三段論法が妥当かどうかを判断することはできるが,あらゆる妥当な三段論法を分類するには相当な労力を要する,という弱点もある.後半で述べる「グラフ」による方法は,妥当性の判断のみならず,その分類も簡単に得ることができ,しかも理解しやすい.まずは三段論法で考察する命題の形を設定しておこう.

4.1 定言命題

三段論法は「定言命題」と呼ばれる命題のみを対象とする.例えば

> 「すべての人間は動物である」

という命題は定言命題の例である.ここで「人間」を「S」,「動物」を「P」で表せば,この命題は

> 「すべての S は P である」

と表される.そしてこのような型の命題を含めて,全部で 4 つの型の定言命題を対象とする:

表 **4.1**   定言命題の型

型の名前	命題	略記法
A	すべての S は P である	$A(S,P)$
E	すべての S は P でない	$E(S,P)$
I	ある S は P である	$I(S,P)$
O	ある S は P でない	$O(S,P)$

ここで「A, E, I, O」は伝統的にこれら 4 つの型につけられた名前である．このうち型 (A) と (E) の命題は「すべての」ものに対する主張であることから「普遍命題」，型 (I) と (O) の命題は「ある」ものに対する主張であることから「特称命題」と呼ばれる．

　そして「定言三段論法」とは，何らかの型の三つの定言命題のうち，二つの「仮定（premise）」から一つの「結論（conclusion）」を導き出す，という論法のことをいう．ただし以下に述べるいくつかの条件をみたすことを要請する．そこを例を通して説明していこう．例えば

$$(p_1) \quad \text{すべての馬は動物である}$$
$$(p_2) \quad \text{ある犬は馬でない}$$
$$(con) \quad \text{ある犬は動物でない}$$

というように，第一の仮定を (p_1)，第二の仮定を (p_2)，結論を (con) と呼び，(p_2) と (con) の間に横棒を引いて表す．さらに結論の主語の項を「S（Subject）」，結論の述語の項を「P（Predicate）」，2 つの仮定の両方に現れる項を「M（Middle term）」と呼ぶ慣わしである．したがってこの例では

$$S = \text{犬}, \ P = \text{動物}, \ M = \text{馬}$$

ということになり，先の型の記号を用いて

$$(p_1) \quad A(M,P)$$
$$(p_2) \quad O(S,M)$$
$$(con) \quad O(S,P)$$

と表すことができる．そして定言三段論法がみたすべき条件とは次の 2 つの条件である：

(1)「S, M, P がそれぞれ 2 度ずつ現れる」

(2)「P は第一の仮定 (p_1) に現れ，S は第二の仮定 (p_2) に現れる」

上の例がこの二つの条件をみたしていることに注意しよう．この条件の下では，「M」は二つの仮定 (p_1), (p_2) にそれぞれ一度ずつ現れることになるが，その場

所が次の 4 通りあり，それぞれ「第 1 格」,「第 2 格」,「第 3 格」,「第 4 格」と
呼ぶ：

表 4.2　三段論法の 4 つの格

注意. 上図の点線は，仮定に現れる「M」を結んだもので，第何格かというこ
とを覚える手助けになる．筆者はこのやり方を教科書 [4] で知った．

上で挙げた例は，したがって第 1 格であり，型と格を合わせて「AOO-1」と呼
ぶ慣わしである．

　このように定言三段論法においては，型「XYZ-n」の「X，Y，Z」のそれぞ
れに「A，E，I，O」の 4 通りのどれかが入り，「n」のところに 1 から 4 の 4 通
りのどれかが入るから，全体で $4^4 = 256$ 通りの論法がある．この中から妥当
な推論を取り出すことが伝統的論理学の重要な課題なのである．次節では「ベ
ン図」を用いた三段論法の吟味のやり方を述べる．

4.2　ベン図を用いた分析法

　本節では，定言三段論法の妥当性の判定法として，「ベン図 (Venn diagram)」
を用いる方法を紹介する．これは前に引用した教科書でも解説されており，現
在最も標準的とされている方法である．まず 4 つの型それぞれの定言命題をベ
ン図で表現する方法を解説する．

4.2.1　定言命題とベン図
　型 (I) の

$$I(S,P) : 「ある S は P である」 \tag{4.1}$$

について，例えば「ある犬は黒い」という命題は「黒い犬が存在する」という
意味であることからもわかるように，(4.1) は

「S と P の両方の性質を持つものがある」

と言い換えられる．したがって S と P の共通部分に何かがあるという意味で
「X」を書き込む：

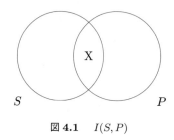

図 **4.1** $I(S, P)$

次に型 (O) の

$$O(S, P) : 「ある\ S\ は\ P\ でない」 \tag{4.2}$$

について，例えば「ある犬は黒くない」という命題は「黒くない犬が存在する」
という意味であることから，(4.2) は

「P の外側に S の性質を持つものがある」

と言い換えられる．したがって S の内側で P の外側の部分に「X」を書き込む：

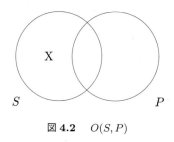

図 **4.2** $O(S, P)$

型 (A) の

「すべての S は P である」

については，これを否定すると「ある S は P でない」ということになり，
$O(S, P)$ と同じになる．したがってもとの $A(S, P)$ は図 4.2 の「X」が書き込
まれた領域には元が一つもない，という主張であり，そのことを示すためにそ
の領域全体に線を引く：

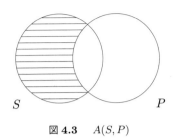

図 **4.3**　$A(S, P)$

　最後に (E) の

$$「すべての S は P でない」$$

については，これを否定すると「ある S は P である」ということになり，$I(S, P)$ と同じになる．したがってもとの $E(S, P)$ は図 4.1 の「X」が書き込まれた領域には元が 1 つもない，ということだからそこに線を引く：

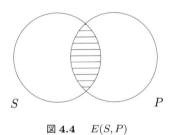

図 **4.4**　$E(S, P)$

　このように特称命題には元が存在するという意味の「X」が一つ現れ，普遍命題には元が存在しないことを意味の「線」が現れる，という特徴がある．

4.2.2　三段論法とベン図

　本節では，いくつかの例を通して，ベン図によって三段論法の妥当性を吟味する方法を解説する．

> **例 4.1**　AAA-1.
> これは

$$
\begin{array}{ll}
(p_1) & A(M, P) \\
(p_2) & A(S, M) \\
\hline
(con) & A(S, P)
\end{array}
$$

という推論である．それぞれの命題を前項で述べたルールに従って図示すると次のようになる：

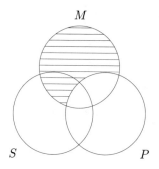

図 **4.5** $A(M,P)$

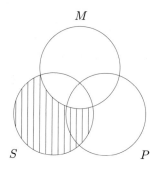

図 **4.6** $A(S,M)$

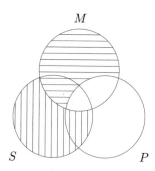

図 **4.7** $A(M,P)$ と $A(S,M)$

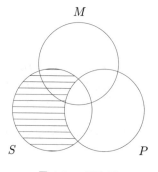

図 **4.8** $A(S,P)$

図 4.5 と図 4.6 を合わせると，図 4.7 の線の部分には元は存在しない．一方結論の図 4.8 の線の部分は図 4.7 の線の部分に完全に含まれているから，図 4.8 の線の部分にも元は存在しない．したがってこれは妥当な推論である，ということがわかる．

例 4.2 IAI-4.

これは

$$
\begin{array}{ll}
(p_1) & I(P, M) \\
(p_2) & A(M, S) \\
\hline
(con) & I(S, P)
\end{array}
$$

という推論である．この例のように，仮定に特称命題と普遍命題の両方が現れる時は

「普遍命題の方の線から書き入れ，
　　あとで特称命題に対応する X を書き入れる」　　　　(4.3)

というルールに従う．ここに注意してそれぞれの命題を前項で述べたルールに従って図示すると次のようになる：

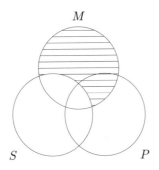

図 **4.9**　$A(M, S)$

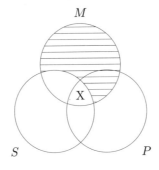

図 **4.10**　$A(M, S)$ と $I(P, M)$

上のルールに従って，まず普遍命題の $A(M,S)$ の方から線を入れたのが
図 4.9 である．その図に $I(P,M)$ のベン図，すなわち P と M の共通部分
$P \cap M$ のところに「X」を書き入れるのだが，すでに線が引かれているとこ
ろは元が存在しないのだから，図 4.10 のように入れるしかない．するとこ
の「X」は $S \cap P$ に属しており，結論の $I(S,P)$ が成り立つことがわかる．
したがってこれは妥当な推論である．

例 4.3　AOO-1.

本節の最初にあげた例の三段論法であり

$$
\begin{array}{ll}
(p_1) & A(M,P) \\
(p_2) & O(S,M) \\
\hline
(con) & O(S,P)
\end{array}
$$

という推論である．この例にも，二つの仮定に特称命題と普遍命題の両方が
現れるから，ルール (4.3) にしたがってまず普遍命題の $A(M,P)$ の線を書
き入れる：

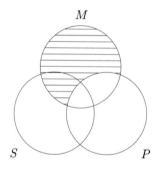

図 4.11　$A(M,P)$

次に特称命題の $O(S,M)$ の「X」を書き入れるのだが，下図の (1) と (2)
の領域のどちらに入るかはわからないから，その境界線のところに書き入
れる：

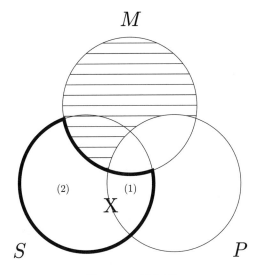

図 **4.12**　$O(S, M)$

一方結論の $O(S, P)$ が導かれるためには「X」が (1) の領域になければならないが，図 4.12 からそれは結論できない．したがってこの三段論法「AOO-1」は妥当な推論ではない．

　このように，ベン図を用いる方法は，定言三段論法一つ一つに対してその妥当性を吟味することはできるのだが，256 通りの論法全体から妥当なものを取り出すためには相当な労力を要する．次節では，本章の眼目である「グラフを用いた三段論法の判定法」を紹介し，それがベン図を用いる方法よりもはるかに簡明であり，しかも妥当な論法をグラフを眺めるだけで取り出せる，ということを立証したい．

4.3　グラフを用いた分析

　前節ではベン図を用いて三段論法を分析する方法を紹介した．本節では二つのグラフ G_{smp} と G_{num} を導入し，これらを用いて三段論法を分析する方法を紹介し，その威力を見ていくのが目標である．

4.3.1　グラフ G_{smp} と G_{num}

　前節で用いた「S, M, P」の三つの円から成るベン図は 7 つの領域に分かれていた．その 7 つの領域の中央に点を打ち，円を 1 回だけまたいで行ける点同士を辺で結ぶと次のようなグラフができる（点の名付け方はすぐ説明する）：

注意．前章と違って本章では線に向きが付いていない「無向グラフ」だけを用

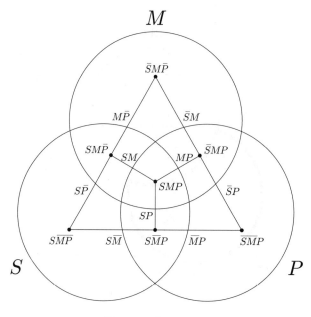

図 **4.13** グラフ G_{smp}

いる．以後その意味で「グラフ」という用語を使う．

図 4.13 の点の名付け方は

S の内側なら「S」，外側なら「$\overline{S}$」

M の内側なら「M」，外側なら「$\overline{M}$」

P の内側なら「P」，外側なら「$\overline{P}$」

を使って S, M, P を並べた名前をつける．例えば三つの円の共通部分 $S \cap M \cap P$ の内部の点は S, M, P 全ての内側だから「SMP」，左下の点は S の内側で，M, P の外側だから $S \cap \overline{M} \cap \overline{P}$ の部分であり「$S\overline{MP}$」となる．要するに，点の名前は，その点が含まれている領域を共通部分として表した記号の「$\cap$」を取り去ったものに他ならない．

また辺の名前は次のルールに基づいている：

「各辺の二つの頂点の名前の和集合を表す名前をつける」

例えば左下の頂点「$S\overline{MP}$」とその右上の頂点「$SM\overline{P}$」を結ぶ辺は

$$S\overline{MP} \cup SM\overline{P} = (S \cap \overline{M} \cap \overline{P}) \cup (S \cap M \cap \overline{P})$$
$$= S \cap (\overline{M} \cup M) \cap \overline{P}$$
$$= S \cap \overline{P}$$
$$= S\overline{P}$$

と名付けられるのである．他の辺についてもこのルールに基づいて名付けられ
ていることをぜひ確認してほしい．以下このグラフを「G_{smp}」と呼ぶ．

さらに次の図のように頂点と辺の名前を付けかえる：

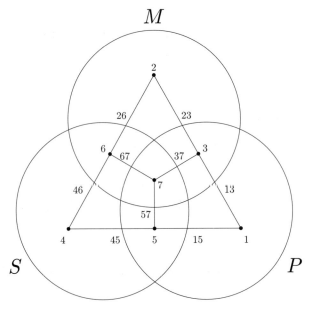

図 4.14　グラフ G_{num}

名前を付けかえた理由は，今後グラフを用いて三段論法を分析していくときに，
記述が簡単になるからである．ただし単に場当たり的に名付けたのではなく，
以下のルールに基づいて組織的に名付けられている．

　例えば左下の頂点は図 4.13 では「$S\overline{MP}$」であったが，「¯」がついていない
ところはそこに入っていることが「真」なので「1」で，ついているところはそ
こに入っていることが「偽」なので「0」で置き換えると「100」になる．これ
を二進表記とみて十進法に直すと「4」であり，それで図 4.14 では左下の頂点
の名前が「4」になっている．他の頂点も全てこのルールの数値になっているこ
とも確認してほしい．一方，辺の名付け方は単に

「a と b を結ぶ辺は ab」

というルールに基づいている．以下このグラフを「G_{num}」と呼ぶ．

4.3.2　定言命題と付値

本節では S, M, P を用いた定言命題が与えられたときに，グラフ G_{num} の辺に 0 か 1 の値を付けるルール「付値」を解説する.

そのルールを一言で言えば

「辺あるいは頂点に対応する領域に，一つも元がなければ 0,

少なくとも一つ元があるときは 1」

とするのである．以下定言命題の 4 つの型それぞれについて説明していこう.

例えば (A)-型の定言命題

$$A(S, P) : すべての S は P である$$

の場合は，図 4.3 で見たように，S の内側の部分のうち P の外側には元が存在しない，ということを主張している．これは集合の記号で書けば

$$S\overline{P}(= S \cap \overline{P}) = \phi$$

ということだから，辺 $S\overline{P}$ すなわち辺 46 に付けられる値は 0 とする :

$$v(46) = 0 \tag{4.4}$$

このとき，頂点「4」，頂点「6」に対応する領域にも元は一つも存在しないので必然的に

$$v(4) = 0 \tag{4.5}$$
$$v(6) = 0 \tag{4.6}$$

となる.

注意．値を「$v(\cdot)$」と表したのは，数学のある分野で用いられる「付値 (valuataion)」の「v」を流用した.

同じように (E)-型の定言命題

$$E(S, P) : どんな S も P でない$$

の場合は，図 4.4 で見たように，S の内側の部分のうち P の内側には元が存在しない，ことを主張している．これは集合の記号で書けば

$$SP(= S \cap P) = \phi$$

ということで，辺 SP すなわち辺 57 に付けられる値は 0 とする：

$$v(57) = 0 \tag{4.7}$$

したがって，頂点「5」，頂点「7」に対応する領域にも元は一つも存在しないので

$$v(5) = 0 \tag{4.8}$$
$$v(7) = 0 \tag{4.9}$$

となる．

次に (I)-型の定言命題

$$I(S, P) : ある S は P である$$

の場合は，図 4.1 で見たように，S と P の共通部分に少なくとも一つの元が存在する，ことを主張している．これは集合の記号で書けば

$$SP(= S \cap P) \neq \phi$$

ということで，辺 SP すなわち辺 57 に付けられる値は決して 0 ではないのであり，値を 1 とする：

$$v(57) = 1 \tag{4.10}$$

したがって，頂点「5」，頂点「7」に対応する領域のどちらかに元が存在することになり

$$v(5) = 1 \text{ または } v(7) = 1 \tag{4.11}$$

が成り立つ．

最後に (O)-型の定言命題

$$O(S, P) : ある S は P でない$$

の場合は，図 4.2 で見たように，S の内側であって P の外側の領域に少なくとも一つの元が存在する，ことを主張している．これは集合の記号で書けば

$$S\overline{P}(= S \cap \overline{P}) \neq \phi$$

ということで，辺 $S\overline{P}$ すなわち辺 46 に付けられる値は 1 とする：

$$v(46) = 1 \tag{4.12}$$

したがって，頂点「4」，頂点「6」に対応する領域のどちらかに元が存在することになり

$$v(4) = 1 \text{ または } v(6) = 1 \tag{4.13}$$

が成り立つ.

以上の式 (4.4)-(4.13) は簡単に次のように一つの等式にまとめられる：

$$v(ab) = \max(v(a), v(b)) \tag{4.14}$$

ただし，「ab」は G_{num} の辺である．次節で付値を用いて三段論法を分析していくが，そのとき便利なように以上をまとめて表にしておこう：

表 4.3　定言命題と付値

定言命題	G_{smp} で対応する辺	付値
$A(X, Y)$	$X\overline{Y}$	0
$E(X, Y)$	XY	0
$I(X, Y)$	XY	1
$O(X, Y)$	$X\overline{Y}$	1

4.3.3　三段論法と付値

前節の付値を用いて三段論法の真偽を分析していこう．

例 4.4　AAA-1.

これは

	命題	G_{smp} の辺	G_{num} の辺
(p_1)	$A(M, P)$	$M\overline{P}$	26
(p_2)	$A(S, M)$	$S\overline{M}$	45
(con)	$A(S, P)$	$S\overline{P}$	46

という推論であった．それぞれの命題に対応する G_{smp}, G_{num} の辺も表 4.3 と図 4.13，図 4.14 にしたがって入れてある．また，それぞれの命題の付値は表 4.3 によれば

$$(p_1) : v(M\overline{P}) = v(26) = 0$$
$$(p_2) : v(S\overline{M}) = v(45) = 0$$
$$(con) : v(S\overline{P}) = v(46) = 0$$

となる．さらに式 (4.14) を用いると (p_1) から $v(2) = v(6) = 0$，(p_2) から $v(4) = v(5) = 0$ が出るから，$v(4) = v(6) = 0$ であることがわかる．した

がって

$$v(46) = \max(v(4), v(6)) = \max(0,0) = 0$$

となり，結論 (con) が成り立つことが示される．つまり AAA-1 は正しい推論であることが証明された．

例 4.5 EAE-2.

これは

	命題	G_{smp} の辺	G_{num} の辺
(p_1)	$E(P, M)$	PM	37
(p_2)	$A(S, M)$	$S\overline{M}$	45
(con)	$E(S, P)$	SP	57

という論法である．それぞれの命題の付値は表 4.3 より

$$(p_1) : v(PM) = v(37) = 0$$
$$(p_2) : v(S\overline{M}) = v(45) = 0$$
$$(con) : v(SP) = v(57) = 0$$

となる．さらに式 (4.14) を用いると (p_1) から $v(3) = v(7) = 0$，(p_2) から $v(4) = v(5) = 0$ が出るから，$v(5) = v(7) = 0$ であることがわかる．したがって

$$v(57) = \max(v(5), v(7)) = \max(0,0) = 0$$

となり，結論 (con) が成り立つことが示される．つまり EAE-2 は正しい推論であることが証明された．

例 4.6 IAI-4.

これは

	命題	G_{smp} の辺	G_{num} の辺
(p_1)	$I(P, M)$	PM	37
(p_2)	$A(M, S)$	$M\overline{S}$	23
(con)	$I(S, P)$	SP	57

という推論である．それぞれの命題の付値は表 4.3 より

$$(p_1) : v(PM) = v(37) = 1$$
$$(p_2) : v(M\overline{S}) = v(23) = 0$$
$$(con) : v(SP) = v(57) = 1$$

となる．さらに式 (4.14) を用いると (p_1) から $\max\{v(3), v(7)\} = 1$ (*)，(p_2) から $v(2) = v(3) = 0$ が出るから，(*) より $v(7) = 1$ でなければならない．したがって

$$v(57) = \max(v(5), v(7)) = 1$$

となり，結論 (con) が成り立つことが示される．つまり IAI-4 は正しい推論であることが証明された．

例 4.7　AOO-1.

これは

	命題	G_{smp} の辺	G_{num} の辺
(p_1)	$A(M, P)$	$M\overline{P}$	26
(p_2)	$O(S, M)$	$S\overline{M}$	45
(con)	$O(S, P)$	$S\overline{P}$	46

という推論である．それぞれの命題の付値は表 4.3 より

$$(p_1) : v(M\overline{P}) = v(26) = 0$$
$$(p_2) : v(S\overline{M}) = v(45) = 1$$
$$(con) : v(S\overline{P}) = v(46) = 1$$

となる．さらに式 (4.14) を用いると (p_1) から $v(2) = v(6) = 0$ (**)，(p_2) から $v(4)$ か $v(5)$ の少なくとも一方は 1 である (***)．さらに (con) は (**) より $v(4) = 1$ であることを主張しているが，これは (***) から導くことはできない．なぜなら $v(5) = 1, v(4) = 0$ の場合もあり得るからである．したがってこれは正しい推論ではない．

これらの例からもわかるように，付値を用いる方法は，ベン図を用いる方法よりはるかに簡単であり，しかも 256 通りある標準形の中から正しい推論を取り出すことも可能である．これについては項を改めて解説しよう．

4.3.4 妥当な三段論法の特徴付け

本項では，付値を用いて妥当な定言三段論法を抽出する方法を解説する．
以下の叙述では，二つの仮定に対応するグラフの辺を e, e'，結論に対応する辺を
e_{con} と呼ぶ．したがって三段論法の妥当性は「$v(e)$ と $v(e')$ の値から $v(e_{con})$
の値を決められるか」という問題に翻訳される．

(1) $v(e_{con}) = 0$ が導かれる場合

命題 4.1

結論の付値が $v(e_{con}) = 0$ となるのは，仮定の二つの辺 e, e' と e_{con} の位置
関係が次の図のようになっており，しかも $v(e) = v(e') = 0$ であるときに
限る．

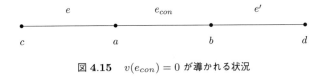

図 4.15　$v(e_{con}) = 0$ が導かれる状況

証明　辺 e_{con} の端点を図のように a, b とすると，前節の等式 (4.14) より
$v(e_{con}) = \max(v(a), v(b))$ が成り立つ．したがって $v(e_{con}) = 0$ という等式は

$$v(a) = v(b) = 0$$

であることと同値である．この条件が辺 e, e' の付値から導かれるのは，等式
(4.14) によって点 a を端点に持つ辺 e の付値が 0，かつ点 b を端点に持つ辺 e'
の付値が 0 でなければならない．　　　　　　　　　　　　　　　　　□

(2) $v(e_{con}) = 1$ が導かれる場合

命題 4.2

結論の付値が $v(e_{con}) = 1$ となるのは，仮定の二つの辺 e, e' と e_{con} の位置
関係が次の図のようになっており，しかも $v(e) = 0, v(e') = 1$ であるとき
に限る．

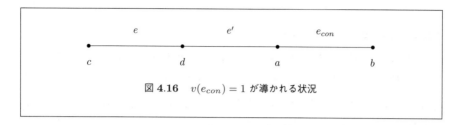

図 4.16 $v(e_{con}) = 1$ が導かれる状況

証明   辺 e_{con} の端点を図のように a, b とすると，$v(e_{con}) = 1$ となるためには，前節の等式 (4.14) より $v(a) = 1$ または $v(b) = 1$ でなければならない．そこで $v(a) = 1$ とすると，図の $v(e')$ は 1 であるが，そのことから逆に $v(a) = 1$ と結論するためには $v(d) = 0$ であることが必要である．したがって図のような位置関係であって，しかも $v(e) = 0, v(e') = 1$ でなければならない．$v(b) = 1$ の場合は a と b を入れ替えて議論すればよい．   □

例 4.8   例 4.2 では「IAI-4」の妥当性をベン図を用いて確認したが，今度はグラフでやってみよう．表 4.3 と図 4.13，図 4.14 より

	命題	G_{smp} の辺	G_{num} の辺	付値
(p_1)	$I(P, M)$	PM	37	1
(p_2)	$A(M, S)$	$M\overline{S}$	23	0
(con)	$I(S, P)$	SP	57	1

という表ができる．そしてグラフ G_{num} からこれら 3 辺だけのつながり具合を取り出して見ると次のようになっている：

図 4.17 G_{num} における **IAI-4** の辺の位置

（ここで，仮定 $(p_1), (p_2)$ に対応する辺をそれぞれ e_1, e_2，結論 (con) に対応する辺を e_{con} で表している．）したがって命題 4.2 よりこれは妥当な論法である，と簡単に結論できる．

例 4.9   本章の最初に述べた例の妥当性をグラフを用いて検証してみよう．その仮定と結論，グラフでの辺，付値を表にすると次のようになる：

	命題	G_{smp} の辺	G_{num} の辺	付値
(p_1)	$A(M, P)$	$M\overline{P}$	26	0
(p_2)	$O(S, M)$	$S\overline{M}$	45	1
(con)	$O(S, P)$	$S\overline{P}$	46	1

結論の付値が 1 だから命題 4.2 の適用範囲であり，そこで見たように結論の辺の片方の端点に仮定の 2 辺が連なっていなければならないが，この場合は

図 4.18　G_{num} における **AOO-1** の辺の位置

というように，そうなっていない．したがってこれは妥当でない三段論法である，といとも簡単に結論できる．

4.3.5　妥当な三段論法の抽出

　本項では，グラフ G_{num}, G_{smp} を利用して，すべての妥当な定言三段論法を分類するという本章の目標を実現する．

　まず定言三段論法の標準形の決め方から，G_{num} における辺 e_1, e_2, e_{con} の位置はそれぞれ次の三通りずつしかあり得ない：

$$e_1 \in \{15, 26, 37\}$$
$$e_2 \in \{23, 45, 67\}$$
$$e_{con} \in \{13, 46, 57\}$$

なぜなら，仮定 (p_1) には M と P のみを用いるのがルールであり，グラフ G_{smp} の辺の名前が M, P だけでできているのは

$$MP,\ M\overline{P},\ \overline{M}P$$

の 3 つだけで，対応する辺は G_{num} でいえば 15，26，37 だけだからである．e_2, e_{con} についても同様である．さらに e_{con} は 13 ではあり得ない．なぜなら，辺 13 は G_{smp} においては辺「$\overline{S}P$」に対応しており，表 4.3 を見れば，補集合が現れるのは A 型か O 型のみであって $A(P, S)$ か $O(P, S)$ の形に限られるが，これらは結論において「主語は S，述語が P」というルールに違反している．

したがって e_{con} は 13 ではあり得ないので，それぞれの辺の可能性が

$$e_1 \in \{15, 26, 37\} \tag{4.15}$$
$$e_2 \in \{23, 45, 67\} \tag{4.16}$$
$$e_{con} \in \{46, 57\} \tag{4.17}$$

に絞られることになる．

　この条件 (4.17) より，結論とその付値は

e_{con}	付値
46	$v(46) = 0$
46	$v(46) = 1$
57	$v(57) = 0$
57	$v(57) = 1$

の 4 通りしかなく，付値が 0 なら命題 4.1，付値が 1 なら命題 4.2 を適用すれば妥当な三段論法の分類が出来上がる，ということを以下で見ていこう．

(1) $e_{con} = 46, v(46) = 0$ の場合．
グラフ G_{num} から $e_{con} = 46$ 以外の辺の名前を取り除き，さらに条件 (4.15) と条件 (4.16) を考慮して e_1 になり得る辺には「①」，e_2 になり得る辺には「②」を書き込んだのが次の図である：命題 4.1 より辺 46 の片方の点からは①の辺，

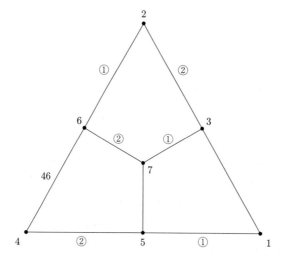

図 4.19　G_{num} における辺 46 の位置

他方の点からは②の辺が出ていなければならないから

$$e_1 = 26, \ e_2 = 45$$

の場合しかあり得ない．このことから

$$e_1 = 26 = M\overline{P}$$
$$e_2 = 45 = S\overline{M}$$
$$e_{con} = 46 = S\overline{P}$$

であり，どの辺の付値も 0 だから表 4.3 よりこれは

	命題	G_{smp} の辺	G_{num} の辺
(p_1)	$A(M, P)$	$M\overline{P}$	26
(p_2)	$A(S, M)$	$S\overline{M}$	45
(con)	$A(S, P)$	$S\overline{P}$	46

という妥当な三段論法「AAA-1」を与える．

(2) $e_{con} = 57, v(57) = 1$ の場合．
グラフ G_{num} から $e_{con} = 57$ 以外の辺の名前を取り除き，さらに条件 (4.15) と
条件 (4.16) を考慮して e_1 になり得る辺には「①」，e_2 になり得る辺には「②」
を書き込んだのが次の図である：すると命題 4.2 より辺 57 の片方の点に①の

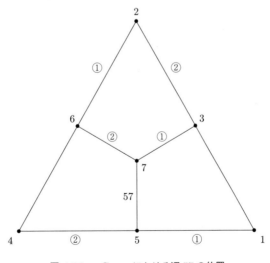

図 4.20　G_{num} における辺 57 の位置

辺，②の辺の順に続くか，②の辺，①の辺が続くかのどちらかでなければなら

ない．これらが可能なのは点「7」を使うときだけであり，それぞれ

$$e_1 = 37, \; e_2 = 23 \tag{4.18}$$
$$e_1 = 26, \; e_2 = 67 \tag{4.19}$$

の場合しかあり得ない．(4.18) の場合は命題 4.2 より

$$v(e_1) = v(37) = v(MP) = 1$$
$$v(e_2) = v(23) = v(M\overline{S}) = 0$$
$$v(e_{con}) = v(57) = v(SP) = 1$$

となっており，これらを表 4.3 を用いて翻訳すると

$$(p_1) \quad I(M,P) \quad (\text{または } I(P,M))$$
$$(p_2) \quad A(M,S)$$
$$\overline{}$$
$$(con) \quad I(S,P)$$

となるから妥当な三段論法「IAI-3」及び「IAI-4」を与える．一方 (4.19) の場合は命題 4.2 より

$$v(e_1) = v(26) = v(M\overline{P}) = 0$$
$$v(e_2) = v(67) = v(SM) = 1$$
$$v(e_{con}) = v(57) = v(SP) = 1$$

となっており，これらを表 4.3 を用いて翻訳すると

$$(p_1) \quad A(M,P)$$
$$(p_2) \quad I(S,M) \quad (\text{または } I(M,S))$$
$$\overline{}$$
$$(con) \quad I(S,P)$$

となるから妥当な三段論法「AII-1」及び「AII-3」を与える．

(3) $e_{con} = 46, v(46) = 1$ の場合．命題 4.2 と図 4.16 より以下の 3 つの場合しかない：

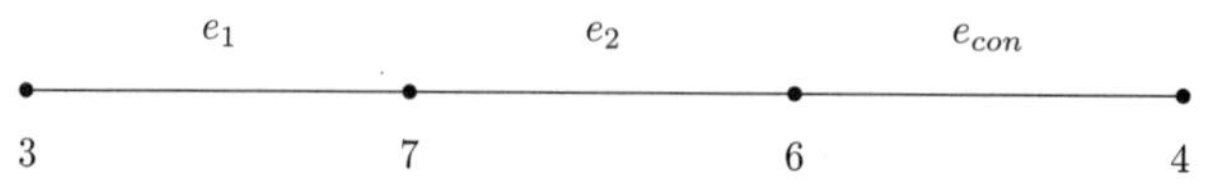

図 **4.21** G_{num} における 46 の位置 **(1)**

図 4.22　G_{num} における 46 の位置 (2)

図 4.23　G_{num} における 46 の位置 (3)

あとは前項と同様に考察して

図 4.21 の場合は EIO-1, EIO-2, EIO-3, EIO-4

図 4.22 の場合は OAO-3

図 4.23 の場合は AOO-2

という妥当な三段論法が生み出される.

(4) $e_{con} = 57, v(57) = 0$ の場合

命題 4.1 と図 4.15 より以下の 2 つの場合しかない: したがって, 上と同様に

図 4.24　G_{num} における 57 の位置 (1)

図 4.25　G_{num} における 57 の位置 (2)

して

図 4.24 の場合は AEE-2, AEE-4

図 4.25 の場合は EAE-1, EAE-2

という妥当な三段論法が生み出される.

以上をまとめると次の結果が得られる:

表 4.4 妥当な三段論法

第 1 格	第 2 格	第 3 格	第 4 格
AAA-1	EAE-2	IAI-3	AEE-4
EAE-1	AEE-2	AII-3	IAI-4
AII-1	EIO-2	OAO-3	EIO-4
EIO-1	AOO-2	EIO-3	

これは伝統的論理学において分類された妥当な三段論法の表と完全に一致する．

注意．伝統的論理学が重要な課題としてきた「妥当な定言三段論法の分類問題」が，「グラフとその付値」という観点を導入することによって極めて単純にしかも統一的な形で解決できることを示した．ただ 4.3.1 項で「ベン図は 7 つの小領域に分かれている」と述べてグラフを導入した場面で，注意深い読者はすでにお気付きのように，実はベン図には，3 つの円の外側の「$\overline{SMP}$」も含めて 8 つの領域がある．それらを用いて同じようにグラフを作ると，立方体の頂点と辺から成るグラフとなり，その著しい対称性を利用すれば，三段論法の分類はより透明なものになると同時に新たな論法をも生み出すことができる．この辺の事情については参考文献 [3] に詳しく解説してある．

──────── ● 第 4 章　練習問題　● ────────

1.　次の定言三段論法の妥当性をベン図を用いて判定せよ.

(1) EAE-1

(2) IAI-2

(3) OAO-3

(4) AII-4

2.　次の定言三段論法の妥当性をグラフを用いて判定せよ.

(1) EAE-1

(2) IAI-2

(3) OAO-3

(4) AII-4

3.　本文中で用いた以下の 5 つの図からそれぞれの妥当な三段論法が生み出されることを示せ.

(1) 図 4.21 から EIO-1, EI0-2, EIO-3, EIO-4.

(2) 図 4.22 から OAO-3.

(3) 図 4.23 から AOO-2.

(4) 図 4.24 から AEE-2, AEE-4.

(5) 図 4.25 から EAE-1, EAE-2.

参考文献

[1] 硲 文夫，三段論法のグラフ理論的考察，東京電機大学総合文化研究，**16**(2018), 13-21.

[2] F. Hazama, Iterative method of construction for smooth rhythms, Journal of Mathematics and Music **16**(2022), 216-235.

[3] F. Hazama, Graph theoretical approach to the traditional syllogism and its generalization, Advances and Applications in Discrete Mathematics **22**(2019), 161-193.

[4] P. J. Hurley, *A Concise Introduction to Logic*, 11-th Ed. Wadsworth Cengage Learning, United States, 2010.

著　者

硲　　文夫　　東京電機大学理工学部 教授

数学の養樹園

2019 年 3 月 30 日	第 1 版	第 1 刷	発行
2021 年 3 月 30 日	第 1 版	第 3 刷	発行
2024 年 6 月 10 日	第 2 版	第 1 刷	印刷
2024 年 6 月 20 日	第 2 版	第 1 刷	発行

著　者　　硲　　文夫
発 行 者　　発 田 和 子
発 行 所　　株式会社　学術図書出版社

〒113−0033　　東京都文京区本郷 5 丁目 4 の 6
TEL 03−3811−0889　　振替 00110−4−28454
印刷　三和印刷（株）